结 构 小 记

姚攀峰 著

中国建筑工业出版社

目　　录

目录

善 善

绪　　论

　　土木工程对人类有着特殊重要的意义，为人类提供了必要的庇护场所。在人类漫长的使用过程中土木工程有可能经历地震、飓风、恐怖袭击等巨大灾害，如何实现土木工程的"两高一低"，即"高安全度、高品质、低造价"，是一个挑战？我在 1994 年开始踏入土木工程行业，距今已经将近 20 年了。在 20 年前，我刚上大学时，世界上最高的建筑物是西尔斯大厦（Sears Tower，2009 年 7 月 16 日改名为 Willis Tower），位于美国伊利诺伊州芝加哥，高 442.3m，结构设计师是著名的 khan 等人。当时中国最高的建筑物是广东国际大厦，高 200.18m，结构设计师是容柏生院士等人。那时我有一个梦想，希望有机会与这些大师同行。在前辈和同事的支持之下，我有机会先后作为中方结构执行负责人、主设计师、结构设计总监参与或主导了国贸三期 A、天津 117 和中国尊等项目的结构设计及管理工作。在工程实践的过程中，我也一直从事某些前沿的研究性工作，率先提出了"多边多腔钢管钢筋混凝土巨柱"、"巨震，（避难单元）不倒"、"改进的摩尔库仑破坏准则"等新技术、新理念、新理论。土木工程实践和研究的过程也是故事丛生的过程。我边行边记，不知不觉中积累了几十篇随想和逸闻趣事。多谢建工社沈元勤社长、王梅主任、刘瑞霞主任的支持，他们给予我机会把这些小文积累成册，并印刷成书。这本小书分为"我思""我行""武林""杂谈""善善"5 大部分，"我思"主要为讲述自己对有机式建筑结构设计理念等的认识和心得，"旅途"主要讲述自己从事中国尊、巨震研究等的过程，"武林"主要记录了行业陈肇元院士、程懋堃大师等一代大师的影踪，"杂谈"主要讲述自己对年青工程师培养的一些看法等，"善善"主要讲述自己对人生的感受。本书是随笔，不是学术著作，如果存在引用、表述等不规范之处烦请谅解并告知我，我将由衷地表示感谢并予改正。

　　本书是以记录工程和学术研究事迹为主的书籍，可作为土木工程学科的学生、工程师、研究人员了解中国尊等重大工程推进，陈肇元院士等大师事迹，多边多腔钢管钢筋混凝土巨柱等新技术、新理论形成过程的资料。

我　　思

1 谈有机式建筑结构❶

1.1 引言

目前，随着国内建筑业迅速发展，建筑形式越来越复杂，如：鸟巢、央视新台址项目、天津高银117（楼高约600m）、中国尊（楼高约528m）等。这些项目往往具有特殊的复杂性，例如：鸟巢跨度超大、异形，央视新台址项目超高、异形，天津117楼高约600m，是目前国内结构高度最高的建筑物。但是另一方面，汶川地震、玉树地震、舟曲泥石流、美国"9·11"等灾害造成的巨大伤亡也给人们敲响了警钟。

建筑结构是建筑物安全的根基，也是建筑物造价的重要组成部分，如何有效应对巨震、飓风、洪灾、恐怖袭击等自然灾害和人工灾害，如何有效处理上述工程问题，这些是21世纪每一个结构工程师面临的挑战。

本文首先对有机生物的结构进行分析，然后提出结构设计的新思想，最后结合中国尊项目阐述新思想在工程中的具体实践。

1.2 有机生物的结构形式

经过漫长的进化过程，生物适应了外界环境，其结构能够有效地抵抗周边环境的常见荷载。

图 1-1 所示的是茶渍属的壳状地衣，刚度非常低，以菌丝牢固地紧贴在岩石上或者伸入岩石中，非常难以从岩石上剥离，主要以抗拉的方式有效抵抗周边的风、拉拔等荷载。

图 1-2 所示为毛竹，竿高达 20 多米，直径可达 20 多厘米，壁厚约 1 厘米，高宽比约

图 1-1　地衣（图片来自网络）

图 1-2　竹子（图片来自网络）

❶ 已在《建筑结构-技术通讯》2014.01进行了公开交流，原文为《建筑结构设计的探讨》，本文进行了局部修订。

100，顺纹抗拉强度约是顺纹抗压强度 3 倍，有一定刚度，无风时自立，在风中变形较大，从而利用抗拉强度有效地抵抗风荷载。

杏仁桉树（图 1-3）是世界上最高的树，其中有一株高达 156m，树干直插云霄，有五十层楼那样高，直径达约 10m，高宽比约 10～15，地下根系非常发达，树枝和树叶主要生长在顶部，且较为稀少，有效降低风荷载，以较大的刚度来抗侧向风荷载。

地衣、毛竹、杏仁桉的结构分别采用柔性结构、半刚半柔的结构形式、刚性结构，均充分利用自身材料及周边环境的条件，服务于植物光合作用的功能需求，有效适应周边环境风和动物的拉拔等荷载，既经济又确保了植物安全，这对建筑物结构有着重要启示作用。

图 1-3   澳大利亚桉树（图片来自网络）

1.3   有机式建筑结构

目前存在一些不合理的建筑结构，有的建筑结构过于强调安全性，造成结构构件尺寸太大、位置不合理等，使建筑物使用不方便；有的建筑结构过于强调适应建筑的空间布置，存在安全隐患；有的建筑结构对建造技术考虑不足，有可能导致严重施工质量问题发生。对于新、奇、特等建筑物，由于经验、能力、技术发展等限制，不合理的建筑结构更多。

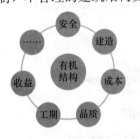

图 1-4   有机式建筑结构

优秀的房屋结构应该像长期进化的有机生物一样，是建筑物的有机组成部分，基于工程当时、当地的材料、人员、建造技术条件，通过有机整合结构概念、分析、构造、材料、建造技术、工期等，综合平衡成本和收益，在保证工程安全的前提下有效提升建筑物品质，可以称之为有机式建筑结构，简称有机式结构，参见图 1-4。

都江堰水利工程、古罗马万神殿、埃菲尔铁塔等工程是有机式结构的代表（图 1-5～图 1-7）。

图 1-5   都江堰水利工程（图片来自网络）

图 1-6   罗马万神殿（图片来自网络）

图 1-7　埃菲尔铁塔（图片来自网络）

1.4　有机式结构在"中国尊"项目中的实践

中国尊[1]项目坐落于 Z15 地块，为北京 CBD 核心区建筑面积最大的一个地块。Z15 地块东至金和东路、南至景辉街、西至金和路、北至规划绿地，占地面积 1.1478 公顷。总建筑面积 40 多万平方米。地上 108 层，地下 7 层，高度 528m，是 8 度地震烈度区世界上最高的建筑物，参见图 1-8。在结构设计过程，采用了有机式结构的设计理念。

中国尊项目首先确保工程安全，为了确保工程安全，结合建筑功能的调整，结构体系作了重大改变，最终结构如图 1-9 所示，为巨型支撑框架＋高延性双连梁核心筒结构体

图 1-8　中国尊效果图

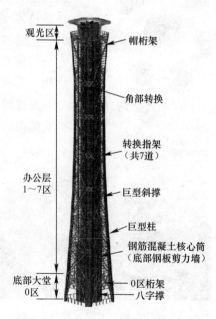

观光区

帽桁架

角部转换

转换指架
（共7道）

办公层
1～7区

巨型斜撑

巨型柱

钢筋混凝土核心筒
（底部钢板剪力墙）

底部大堂
0区

0区桁架

八字撑

图 1-9　中国尊结构三维示意图

系；采用了整合式抗震理念[2,3]，整合了地震安评、工程抗震、地震逃生等综合措施。引入了"巨震，避难单元不倒"[2~5]的概念设计和关键构件法，避难单元面积比约为0.267，避难单元子结构约为1.0，外框柱采用了多边多腔钢管钢筋混凝土巨柱，内筒采用了高延性双连梁核心筒，并对内筒楼梯间等的非结构构件提出了特殊抗震要求。

角部巨柱在办公楼1区分叉为2个角柱，有效地提升了建筑空间使用效率和视觉品质；高延性双连梁核心筒的应用既提升了建筑净空，又使得结构安全性加强。

中国尊项目始终关注成本和收益，较第一轮初步设计成果，本工程创造综合效益高达约10亿元以上，有效地节省了成本并提高了项目的综合收益。

中国尊项目的材料主要选择国内钢材，混凝土主材主要来自北京周边地区，施工队伍主要选择国内施工人员。

本工程较好地贯彻了有机式结构的思想，当然从有机式结构的要求来看，本项目还有许多不足，仍然有许多进一步提升的空间。

1.5　结论

本文通过分析有机生物的结构，提出了有机式建筑结构的概念，并给予了详细的解释和典型的工程案例，通过中国尊项目的设计阐述了有机式结构在具体工程的实践。目前对有机式结构的研究还远远不够，需要从各个角度进行更详细深入的探讨。

2　也谈优化设计

优化设计的面很广，大到一个国家的发展宏图，小到一个拖把的设计，都是一种设计，也都存在优化的空间。我从 1994 年开始学习土木工程，到现在从事这个行业已经 20 多年了，先后作为中方结构专业执行负责人、主设计师、结构设计总监等参与设计了国贸三期 A、天津 117、中国尊等项目，也做了一些研究性工作，对房屋结构优化设计有一些初步的认识：

2.1　优化设计是有必要的

目前设计市场混乱，优化设计是有必要的，是投资方、建设方的追求，也是优秀设计团队和优秀设计师的追求。

1. 优化设计有利于节省成本。设计费一般为基建投资的 1％～5％，但是对投资的影响却高达 75％以上，在满足同样功能的条件下，优化设计可降低工程造价 1％～10％，甚至可达 10％～30％。例如中国尊项目经过优化，仅桩基节省成本 5000 万以上。

2. 优化设计有利于减少工程事故。设计不合理可能导致工程返工、停工，甚至安全隐患。

3. 优化设计节材、节人、节能，有利于绿色、环保。

2.2　优化设计是追求有机式建筑结构的历程

结构优化设计的最高追求是什么？我认为结构优化的目标是实现有机的建筑结构。一个优秀的有机式建筑结构不仅仅安全、经济，而且能够给人以美的感受。

第一是安全。一个结构，可以不美，可以不经济，但是绝对不可以不安全。不安全的结构是设计师的罪孽。尽管结构技术有了长足的发展，正当我们自我感觉良好时，事故却在不断地给我们敲响警钟。有些概念和理论虽然听起来很好，但由于荷载的不确定性等因素，出现事故的概率较大，国内工程事故频出，需要慎重。1995 年 1 月 17 日，发生了阪神大地震，参见图 2-1。这次地震造成 5400 余人死亡，约 2.7 万人受伤，约 10.8 万幢建筑物毁坏，水电煤气、公路、铁路和港湾都遭到严重破坏。2004 年 5 月 23 日，戴高乐机场 2E 候机楼屋顶坍塌，参见图 2-2，造成 6 人死亡，3 人受伤。2008 年

图 2-1　阪神大地震（图片来自网络）

的汶川地震造成了将近 8.7 万人的死亡或者失踪，震中烈度高达 10 度、11 度，远远超过当时的设防地震烈度，这更是给我们敲响了警钟。

第二是经济。经济是优化的重要目标，然而在不同的条件下，经济有不同的含义。银光闪闪的铝质酒杯在拿破仑手中是昂贵的奢侈品，银光闪闪的铝锅在今天就是廉价的经济品。材料、工期、环境等都是经济的要素，需要设计师的艺术平衡。

图 2-2　戴高乐机场（图片来自网络）

第三是美。优化的结构是美的，结构的美美在它的内涵，美在它的简洁，美在它的力量。赵州桥的拱，参见图 2-3；埃菲尔铁塔的线条，参见图 2-4；罗马小体育宫的穹顶，参见图 2-5、图 2-6……都是那样令人心醉，那样的迷人，一个优秀的设计师能够聆听到它的声音。

图 2-3　赵州桥（图片来自网络）

图 2-4　埃菲尔铁塔（图片来自网络）

图 2-5　罗马小体育宫 1（图片来自网络）

图 2-6　罗马小体育宫 2（图片来自网络）

安全、经济的结构未必是美的，美的结构必然是安全、经济的。

现代结构也是可以做出美的。图 2-7 所示是中国尊第一次超限审查预审会的结构设计方案（下简称方案 1），图 2-8 所示为中国尊最终实施的结构设计方案（下简称方案 2），一个有经验的设计师能够感受到方案 2 明显较方案 1 漂亮，振动台实验证明方案 2 也更加安全。

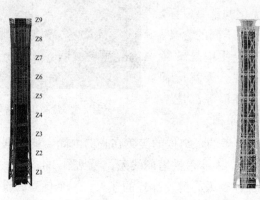

图 2-7　中国尊方案 1 三维结构图　　　　图 2-8　中国尊方案 2 三维结构图

结构优化是一个富有挑战性的工作，是于国于民皆利的工作，是一个优秀设计师的追求，也是一个优秀建设者的追求。希望有越来越多的设计师对自己的作品精益求精，不断优化自己的作品，甚至有朝一日能够设计出有机的建筑结构。

（原文题目："安全、经济和美"，完成于 2007-3-28，本文做了修改）

3 某改造项目的设计优化实践

某小区业主装修新家，该小区是北京市一个著名楼盘，层高 5.8m，建造时已经考虑了夹层的可能性，业主要求做夹层以增加有效面积。某单位完成了一版房屋装修和夹层结构的设计，成果见图 3-1～图 3-5。

该结构设计存在下列问题：

1）夹层存在错层，错层高度为 475mm，对主体墙可能存在安全隐患。

2）LL1 配筋过小，不安全，一旦破坏，夹层楼板可能全部破坏。

3）角部 XTL2 和 XTL3 配筋过小，不安全。

4）KL3 支撑在连梁上，不安全。

5）XTL1 和 KL6 可取消，不经济。

6）房间内部梁布置不合理，不经济。

7）板配筋过密，不便于施工。

8）梁板钢筋强度过低，混凝土强度等级过低，不经济。

9）不便于以后业主的功能空间调整。

应业主委托，我们对该工程进行了优化设计，调整后的设计见图 3-6，梁配筋图和板配筋图略。

由图 3-6 可知，原 29 根梁调成为 16 根梁，仅梁就减少了 13 根；楼板标高调成一致，部分阳台调整为悬挑楼板……

通过上述措施，达到如下效果：①为以后的改造和功能分割提供了便利，②保证了结构安全，③降低了工程造价约 15% 以上，④加快了施工进度。

新的结构得到了业主的赞赏。

这是一个很小的项目，但是自己也有一些感受：

1）项目无论大小，均有优化的空间；

2）结构优化的目标是有机式建筑结构，当然由于先天的因素，这个项目距离有机式建筑结构还有较大的距离；

3）优化不仅仅依赖于计算分析，更加需要深厚的理论基础、丰富的工程实践、不断追求美的心灵。

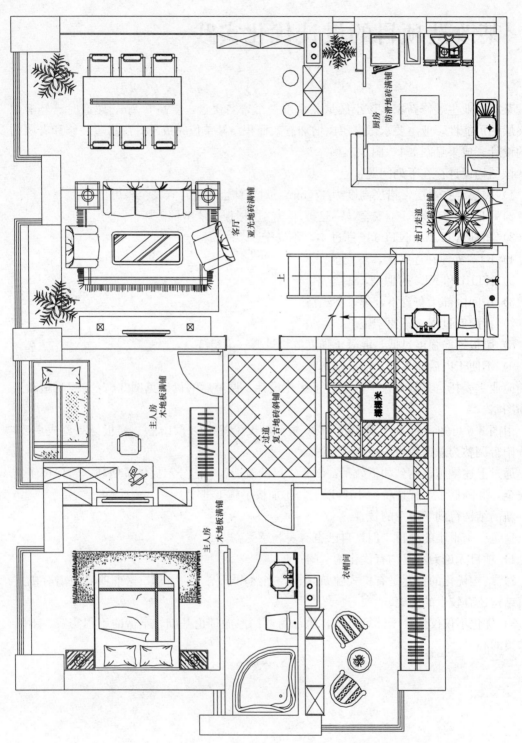

厨房　防滑地砖满铺

进门走道　文化砖拼铺

客厅　亚光地砖满铺

上

主人房　木地板满铺

过道　复古地砖拼铺

满满米

主人房　木地板满铺

衣帽间

图3-1　一层平面布置图

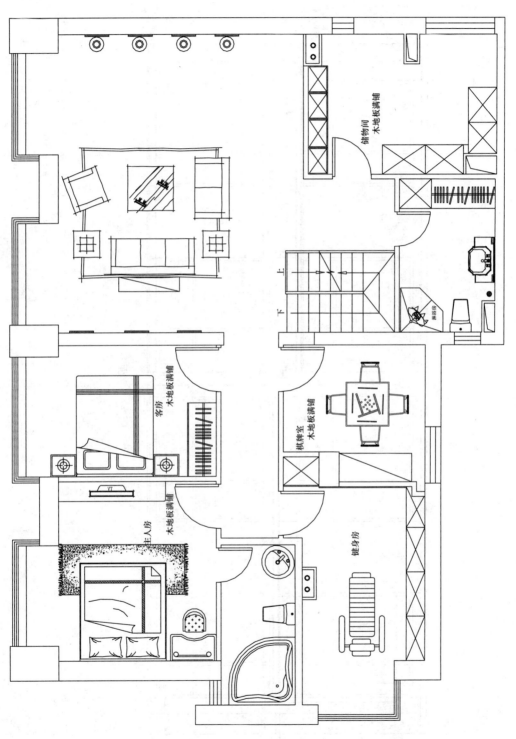

图3-2 夹层平面布置图

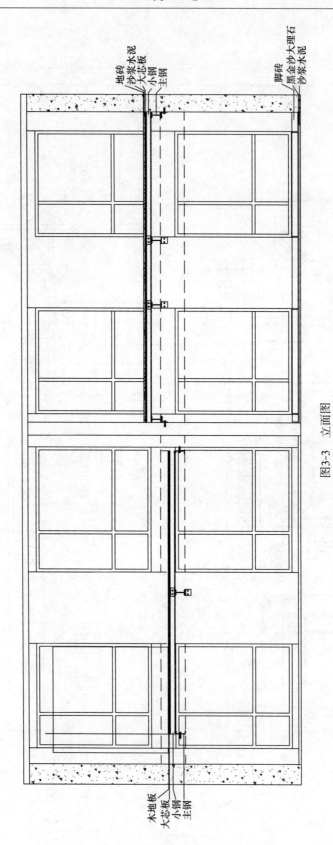

图3-3　立面图

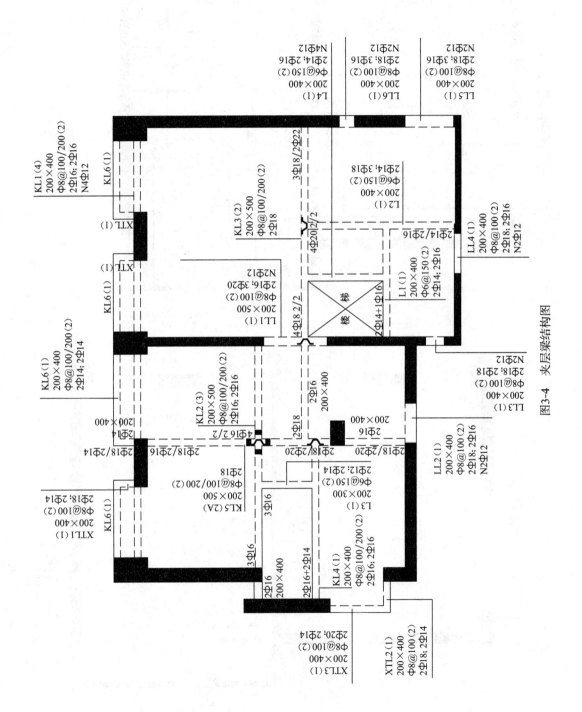

图3-4 夹层梁结构图

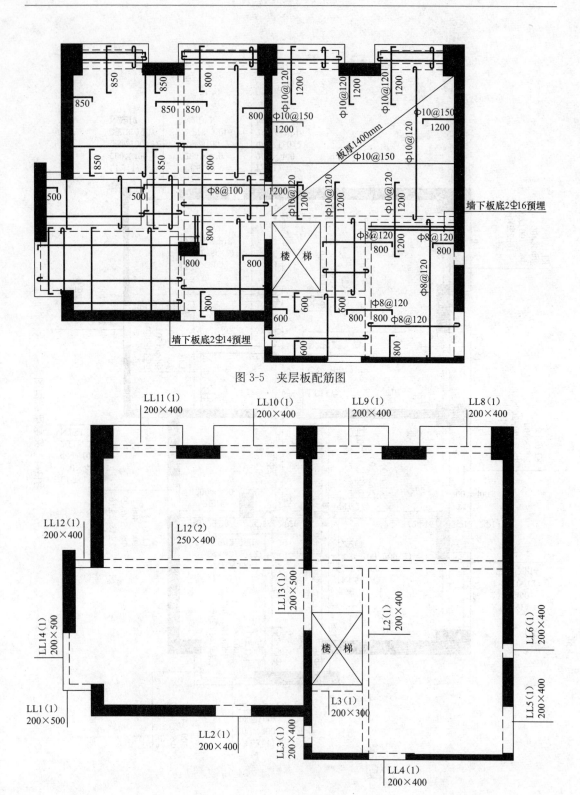

图 3-5　夹层板配筋图

图 3-6　夹层梁模板图

4 震级、烈度和抗震设防烈度

震级、烈度和抗震设防烈度容易混淆，为了便于大家理解，特在此简单解释。

4.1 震级

震级是表示地震本身大小的尺度。每一次地震只有一个震级。它是根据地震时释放能量的多少来划分的，震级可以通过地震仪器的记录计算出来，震级越高，释放的能量也越多。通常按照里氏震级确定，用标准地震仪（世界统一标准），距震中 100km 处测的最大水平位移 A（以微米为单位），再对 A 以 10 为底取对数即该此地震震级 M。

$$M = \log_{10}(A)$$

震级每差一级，地震释放的能量差约 32 倍。一个 6 级地震释放的能量相当于 2 吨级的原子弹所释放的能量。

一般小于 3 级的地震，人感觉不到，是无感地震，其中小于 1 级地震称为超微震，1～3 级地震称为微震；3～5 级地震人能够感觉到，一般不会造成破坏，称为小震；5～7 级地震，能够造成破坏，称为中震；7 级以上地震，称为强震或者大震；8 级以上的称为特大地震或者巨震。

4.2 地震烈度

地震烈度是指地面及房屋等建筑物受地震破坏的程度，不但与地震有关，和建筑物本身的坚固程度等多种因素有关。地震烈度是一个比较粗略的定性指标，评价有较大的人为因素。目前我国采用的是 1999 年颁布的中国地震烈度表。

4.3 抗震设防烈度

抗震设防烈度是按照国家批准权限审定的作为一个地区抗震设防依据的地震烈度，是该地区工程设防的依据，地震烈度按照不同的频度和强度通常划分为设防小震烈度、设防中震烈度（是基本烈度，就是一个地区在今后 50 年期限内，在一般场地条件下超越概率为 10% 的地震烈度）、设防大震烈度。我国规定的抗震设防区指的是 6 度及 6 度以上的地区，一般情况下可采用中国地震烈度区划图的地震基本烈度。对做过抗震防灾规划的城市可按照批准的抗震设防区划进行抗震设防，例如北京地区抗震设防烈度为 8 度。这些年随着对抗震的认识和防灾减灾的需要，我国工程界和学术界又提出了设防巨震烈度。

4.4 震级与抗震设防烈度的区别

震级与抗震设防烈度的区别：震级是对已经发生的地震的判别，抗震设防烈度是对尚未发生、但是可能发生地震的地震烈度，是工程抗震设防的依据。

编号	地震震级（已经发生的地震）	抗震设防烈度 （可能发生的地震，尚未发生）
1	小震（3级~5级）	设防小震
2	中震（5级~7级）	设防中震（50年超越概率10%）
3	大震（7级~8级）	设防大震
4	巨震（8级以上）	设防巨震

5　学习美国抗震设计的一点认识

我今天下午在清华大学听了 Stephen A. Mahin 的报告，Mahin 是美国天平洋地震工程研究中心主任（Director of the Pacific Earthquake Engineering Research Center），他报告的题目是"Evaluating and Improving the seismic performance of tall buildings"。Mahin 首先介绍了典型的高层建筑及非典型的建筑物结构，给出了一些震害照片，给出了整合的 PBEE 方法，然后介绍了三阶段设计方法，对于复杂的分析计算简单给予了演示。Mahin 的报告相当精彩，而且比较投入。对于 Mahin 的报告，我印象比较深的有以下几点：

1. 在美国加州洛杉矶（高烈度区）对外框的刚度没有特殊要求，外框可以为稀疏框架，内筒承担主要侧向荷载。

2. 美国基于性能的三水准设计，美国的最大考虑地震（MCE）为 2500 年一遇地震设防烈度（相当于我国的设防大震），进行位移等验算；设计地震烈度 DBE 取 2/3 的 MCE，内力等进行折减，以此为依据进行设计，此阶段有些类似我国的中震设计；Service Level performance check 时，取地震 30 年超越概率为 50％的地震烈度，内力不进行折减，有些类似我国的小震设计。

3. 对于目前的设防水准和技术手段，是否足够防止倒塌？Mahin 有些不太肯定，在讲述三水准性能设计之后，他给出了一些地震中房屋倒塌的案例。

学习 Mahin 的报告之后，有几点感受：

1. 我国标准对于外框的刚度要求是不是太高？

2. 从工程实践角度来看，我国现有规范以小震设计为主的理念是可行的，美国以 2/3MCE（DBE）为基准，进行折减的设计也是可行的。如果处理得当，两者的设计结果可以没有本质性区别，均可满足抗震设防的预订目标。美国大震（MCE）的超越概率与我国大震的超越概率基本相同，没有本质性区别，但是其他方面可能存在较大的差异。

3. 鉴于地震的不确定性，为了有效应对可能发生的地震中建筑物倒塌及其灾害，应引入设防巨震的概念及应对，构成"四水准，多阶段"的抗震设防体系，尤其是中国应该引入这个概念。

4. 由于这些年来我国土木工程的迅速发展，可以说我国在土木工程部分领域进入世界领先行列，如新型钢混凝土组合梁、多边多腔钢管钢筋混凝土结构等技术。我国逐步开始进入土木强国，但是我们还要抱着看开放的心态继续学习。

这种开放式的报告非常好，谢谢陆新征老师、潘鹏老师先后组织了这样精彩报告。

6 关于防倒塌规范中巨震定义及参数的若干建议

防倒塌规范征求意见稿在 3.0.3 条及 5.4.1 条先后涉及了巨震及其参数，本文对其改进给出了建议，并给出了若干理由。

"3.0.3 抗震设计的房屋建筑，其抗地震倒塌能力应满足下述规定之一：

1 遭受高于本地区抗震设防烈度的罕遇地震影响时，不致倒塌或发生危及生命的严重破坏；

2 遭受高于本地区罕遇地震的极罕遇地震影响时，倒塌率不应高于本规程 5.5.6 的规定。

【说明】从抗地震倒塌能力的角度，本规程将抗震设计的房屋建筑分为两类，第一类是罕遇地震作用下不致倒塌的房屋建筑，第二类是极罕遇地震作用下允许有很低的倒塌率的房屋建筑。绝大部分房屋建筑属于第一类，有特殊使用功能的房屋建筑，或业主要求提高抗地震倒塌能力的房屋建筑属于第二类，例如，地震避难建筑等。前者按本地区的罕遇地震进行抗倒塌计算，后者按极罕遇地震进行抗倒塌计算。极罕遇地震加速度时程的最大值等在本规程第 5 章规定。"

建议在 3.0.3 条文说明中宜增加如下内容："罕遇地震指该地区 50 年内超越概率约为 2%～3% 的地震烈度，即大震。极罕遇地震指该地区 50 年内超越概率低于 2%～3% 的地震烈度，即巨震。"

理由如下：

1) 极罕遇地震首次出现，宜给出较为严格的定义，参考抗震规范，在条文说明中用概率方式给出较为严格的定义。

2) 极罕遇地震宜统一简称为"巨震"。

首先这种表达更加符合学术表达的规则。"遭受高于本地区罕遇地震的极罕遇地震影响"在国内最早的明确定义是在 2009 年，姚攀峰等（2009，2010）[6,7]、叶列平等（2009）[8]、赵世春等（2009）[9]先后给出了明确的定义或者使用了设防巨震，这些定义的内容尽管略有不同，但是本质上是一致的，与防倒塌规范中的极罕遇地震定义的本质也是一致的，均认为地震作用大于设防大震的设防地震称之为巨震。按照学术规则，应该采用巨震的表达。

其次这种表达与抗规的"小震、中震、大震"相协调，工程界习惯于称之为巨震，学术界采用"巨震"的概念也是主流，钱稼茹、吕西林、李英民等也先后采用巨震，巨震便于规范推广和工程师接受。

最后目前关于极罕遇地震的简化表达比较混乱，巨震、强震，特大震、超特大震、超烈度地震等，宜统一，这样有利于概念的一致性。

3）极罕遇地震宜与地震区划整体考虑，可进一步研究完善。

极罕遇地震也是一个超越概率的设防地震，应该结合地震区划给出不同超越概率的地震动参数。

"5.4.1 房屋建筑抗地震倒塌计算时，其水平地震影响系数最大值及时程分析所用地震加速度时程的最大值应符合下列规定：

1 罕遇地震的水平地震影响系数最大值及时程分析所用地震加速度时程的最大值，应按现行国家标准《建筑抗震设计规范》GB50011 的规定采用。

2 极罕遇地震的水平地震影响系数最大值及时程分析所用地震加速度时程的最大值可分别按表 5.4.1-1 和表 5.4.1-2 采用。

极罕遇地震水平地震影响系数最大值　　　　　　　　　　　表 5.4.1-1

设防烈度					
6 度	7 度		8 度		9 度
	0.10g	0.15g	0.20g	0.30g	
0.50	0.81	1.05	1.20	1.46	1.54

极罕遇地震时程分析所用地震加速度时程的最大值（cm/s^2）　　表 5.4.1-2

设防烈度					
6 度	7 度		8 度		9 度
	0.10g	0.15g	0.20g	0.30g	
220	356	453	532	622	682

注：对处于发震断裂两侧 10km 以内的结构，加速度时程应计入近场影响：处于发震断裂两侧 5km 以内时，表内数值宜乘以增大系数 1.5；5~10km 以内时，表内数值宜乘以不小于 1.25 的增大系数。"

建议在 5.4.1 宜增加如下内容："2 极罕遇地震的水平地震影响系数最大值及时程分析所用地震加速度时程的最大值应大于罕遇地震的相应参数，宜根据可能发生的最大地震、抗震设防类别、设防烈度、场地条件、结构类型和不规则性、建筑物功能、使用人员、投资额度、震后损失、修复难度等，确定具体的参数，可分别按表 5.4.1-1 和表 5.4.1-2 采用。"

修改理由如下：

1）地震具有高度的不确定性，宜考虑可能遭遇最大地震的因素。

仅以汶川地区设防地震为例，汶川地震之前，汶川等地的设防烈度为 7 度，震中烈度为 10~11 度，α_{max} 可能超过现在规范推荐的 0.81。防倒塌规范是应考虑这种因素。

2）地震设防标准及参数是一个基于地震、经济、技术等因素综合考虑决定的。

小震、中震、大震是国家标准确定的，但是极罕遇地震（巨震）的指标不是国家强制规定的，开发单位/使用业主可根据项目的实际情况自行确定，该标准可低可高，最低不应低于罕遇地震的标准，高可不严格限制，例如 6 度设防区的建筑物，如果业主有特殊需要，α_{max} 可采用 0.5，也可以采用 7 度巨震的参数 0.81，甚至 8 度巨震的参数 1.20。抗规 1.0.1 条及条文说明中明确指出抗震设防的三水准"小震不坏，中震可修，大震不倒"，对于使用功能或其他方面有专门要求的建筑，采用抗震性能化设计，具有更加具体或更高的抗震设防目标；抗规其他相关条文也有类似的表示，不限制较高的参数。按照抗规的原则极罕遇地震及其参数属于抗震性能化设计的一部分，两者宜协调一致。

3）引入极罕遇地震（巨震）之后，目前抗震设防将成为小震、中震、大震、巨震的4水准，抗震设计将逐步演变为"4水准、多阶段"的设计，这对我国的抗震设防有着特殊重要的意义。防倒塌规范宜为以后的抗震设防留下较大的空间。这样便于防倒塌规范的实际操作和推广，也便于与抗震规范衔接，符合性能化设计的原则和趋势。

（注释：原文为"关于防倒塌规范中3.0.3条及5.4.1条的若干建议"，作者在2014-01-24完成第1版意见稿并寄给编写组。本文在该稿基础上局部修改，并首次公开发表。）

7 关于设防巨震概念的辨析

第五代地震区划图征求意见稿引入了极罕遇地震，这是中国抗震设防的一大进展。根据第五代地震区划图征求意见稿，极罕遇地震的年超越概率是 10^{-4}，即俗称的万年一遇地震，主要用于地震应急预案等，该数据不用于建筑结构的抗震设计。

在房屋抗震领域，姚攀峰等（2009，2010）[10,11]、叶列平等（2009）[12]、赵世春等（2009）[13]先后提出了设防巨震，他们从建筑结构抗震角度出发的，认为只要超越概率低于设防大震超越概率的地震就是设防巨震，具体参数可根据实际需要确定。如对于 8 度设防区域，设防大震的 α_{max} 为 0.9，对于房屋结构的设防巨震，超越概率可为 3000 年一遇的水准，5000 年一遇的水准，也可为 20000 年一遇的水准等，α_{max} 可取 1.1、1.5、2.5 等。鉴于目前地震预测的不准确性，姚攀峰、叶列平、赵世春等同志对巨震的定义，更切合建筑结构抗震的实际特点和需求。

综上所述，建筑结构的设防巨震与第五代地震区划图的极罕遇地震既有联系，又有明显的区别，不可相互替代，对防震减灾均有帮助。

8 再谈科学地震逃生
——让 37 个孩子永远活在我们心中

"我疼，我想睡觉。"——史相毅（音）

"蹲下，寻找掩护，抓牢"——地震安全手册[14]

2014 年 8 月 3 日，鲁甸地震发生，截至 2014 年 8 月 8 日，已经死亡或失踪的人数高达 729 人。史相毅小朋友是其中的幸运者，被官兵救援出来。网上开始流传各种地震逃生方法，某地震安全手册[14]中的地震逃生方法（即伏而待定法）被视为权威逃生方法，通过微信、微博、网络等多种方式迅速传播。当我看到史相毅小朋友地震逃生的报到时，深感科学地震逃生的重要性。从某种意义而言，错误的逃生方法是把孩子送进地狱。请看史相毅小朋友在鲁甸地震中的实际情况。

"救援的官兵在湖边倒塌的房屋废墟中救出了这个女孩。"——《新闻1+1》2014 年 8 月 4 日。

从另外一个角度来看，如果没有官兵救援，在鲁甸王家村的具体环境中，倘若采用伏而待定法，史相毅小朋友死亡概率很高。

为什么盲目地推广伏而待定法呢？据说这是美国、日本等国家的先进经验。但是美国、日本房屋的抗震性能与鲁甸县房屋抗震性能是一样的吗？把这种经验推广到中国所有区域是否合适？

在这里，我与大家共同回顾一个曾经发生在汶川地震的真实逃生案例。

"学校（映秀镇小学）教学楼一共四层。四年级二班在二楼靠近楼梯口的第一间教室。发生地震时，学生正在上科学课。老师发现教室在摇晃，大家都要往外跑，他就去把门顶起，不让学生出去。教室越摇越厉害，屋顶的天花板一块一块往下掉，教室的黑板也掉了下来。这时候，腿脚残疾的董某喊了一句：'老师，你再不开门，我们班就没了。'老师听了后，这才连忙打开门，抱起董某把他从阳台扔下了操场，其他同学也纷纷夺门而出，向楼下跑去。腿残疾不能跑的董某，幸运地活下来了，那些能跑的同学，却没能逃生。他的 44 名同学，只跑出了 7 人。"[15]——科学地震逃生

在这个逃生案例中，有 37 个孩子死亡！

难道 37 个孩子的生命还不能让我们摆脱迷信美国经验、日本经验吗？

地震逃生是地震、环境、逃生人员三者相互作用的结果，相应的灾害有主结构破坏、次结构破坏、非结构物破坏、次生灾害等，不仅仅涉及房屋结构等客观事物，而且涉及地震、人的行为、结构从破坏到倒塌等高度不确定的对象和过程，其难度非常大。不同的逃生方法可导致 60％以上的死亡率差异！确定地震逃生方法不可不慎重。

目前比较科学的方法是地震综合逃生法，需要针对具体的环境、地震和逃生人员状

况，综合考虑各方面因素，结合具体的逃生安全目标，选择合适的逃生路径和逃生行为，采用正确的逃生流程，得到成功概率比较高的地震逃生方法。该方法由"目标安全区、逃生路径、逃生流程、逃生行为"四要素组成，是基于实验和多个实际地震逃生案例总结出来的逃生方法，有以下基本理念：

（1）综合逃生法的重心是震前准备。

综合地震逃生法的指导原则是通过地震逃生培训和缩短地震逃生距离来提高地震逃生成功率，实现它的关键在于震前做好准备工作。

（2）综合逃生法是具体的。

具体的环境、地震、逃生人员决定了具体的灾害和逃生安全目标，所以针对不同的环境、地震、人员需要采取不同的地震逃生方法和措施。地震逃生没有万能仙丹。

（3）综合逃生法的目标安全区等不是唯一的。

地震逃生是一个非常复杂的问题，选择合适的目标安全区非常关键，也比较复杂，任何一个目标安全区和相应的逃生流程等均有成功的概率，同时也有失败的概率。

不同的环境、人员、地震，目标安全区不同。伏而待定法只是综合逃生法中把目标安全区设置为原地的特殊情况，不能随便推广，尤其不能应用于鲁甸等抗震性能差的房屋，否则就可能导致 37 名孩子的死亡，好心办成坏事。在本次鲁甸地震中，将近 40 位农民工兄弟的死亡再次验证了这个道理。

"龙头山镇镇政府北面，一幢独立两层土砖结构房在这次地震中受灾最惨重。据当地村民介绍，事发时，房子里有外来务工人员近 40 名，无一人生还。"新闻 1+1，2014 年 8 月 4 日

对于鲁甸、雅安、汶川地区中抗震性能差的单层房屋，目标安全区就应该设置为安全等级较高的室外，只要有行动能力的人员就应该采取下伏式速跑[16]的行为迅速转移到目标安全区。让我们再一起回顾汶川地震中另外一个逃生案例[16]：2008 年 5 月 12 日下午，北川县曲山小学二年级（3）班，地震来临时，采取迅速转移到室外操场，总计 45 名小朋友，存活 37 名。由此可知，对于房屋抗震性能差的曲山小学，把目标安全区设置到安全等级较高的室外，取得了非常良好的效果。

综合逃生法及不同环境中的目标安全区已经在《科学地震逃生》[16]中得到了详细的描述，并在 2013 年 1 月 12 日举行的第一届地震逃生论坛上进行了专门的研讨。雅安地震震后百余所学校地震逃生培训、中国减灾、中央人民广播电台应急频道均采用了综合逃生法。

为什么不科学的逃生方法还是到处流传？这值得我们深思。我们怎么做才能科学逃生？我们怎么做才能让朋友和家人科学逃生？

掌握科学逃生是对孩子最好的纪念和爱护，我们有以下建议供参考：

1. 研究：对地震逃生原理及综合逃生法进一步研究。

2. 培养：培养合格的地震逃生专业人员和教师队伍。

3. 推广：通过教育、宣传等方式进一步推广综合逃生法。

4. 预案：根据地震逃生原理和综合逃生法，针对不同房屋室外环境给出具体的地震

逃生预案，明确相应的目标安全区、逃生路径、逃生流程、逃生行为。

5. 演练：根据具体的地震逃生预案，进行地震逃生演练。

让 37 个孩子永远活在我们心中！

致谢：沈元勤、王玉银、冯鹏等专家、学者对本文的支持和帮助。

9　谈谈关于基质吸力的问题

秦四清老师关于非饱和土问了两个问题："基质吸力的物理意义是什么？能不能引入其他参量替代？"这两个问题相当重要，我谈点自己的看法，请教于秦老师及其他专家学者。

吸力对非饱和土的性能影响比较大，土的吸力有两部分组成：基质吸力和渗透吸力。非饱和土由固、液、气和气水界面（收缩膜）4态组成，土中的收缩膜处的空隙气压力和空隙水压力的差值被定义为基质吸力，可以导致土中相对湿度的变化。当土中孔隙水有可溶解盐时，也可导致土中相对湿度的变化，这种降低量被称为渗透吸力。通常情况下基质吸力对强度、渗流、变形的影响占据主导作用，所以在做非饱和土研究时，把基质吸力作为独立变量。经过多年的研讨，目前的学界主流认为非饱和土采用双应力变量是合理的。

$$(\sigma - u_a) = \begin{bmatrix} \sigma_x - u_a & \tau_{yx} & \tau_{zx} \\ \tau_{xy} & \sigma_y - u_a & \tau_{zy} \\ \tau_{xz} & \tau_{yz} & \sigma_z - u_a \end{bmatrix}$$

$$(u_a - u_w) = \begin{bmatrix} u_a - u_w & 0 & 0 \\ 0 & u_a - u_w & 0 \\ 0 & 0 & u_a - u_w \end{bmatrix}$$

测试基质吸力需要采用轴平移技术等，非常复杂，难以在实际工程中使用。为了解决这个问题，许多专家试图采用其他变量来代替基质吸力，比较典型的是采用土水特征曲线，即建立起基质吸力与含水量（或饱和度）之间的关系，进而只需要测试含水量或者饱和度即可获得基质吸力。这种方法遇到的问题就是一个含水量或饱和度可对应多个基质吸力，在实际工程中得到含水量或饱和度之后，无法判断对应哪一个基质吸力。我们给出了一个近似解决办法，即"基于路径的非饱和土抗剪强度指标确定方法"一文中的路径模拟，在抗剪强度领域来尝试解决上述问题，尽管目前大家关注的还不多，但可能是一条可行的道路，具有一定的价值。

（该文完成于 2014-11-13）

我　行

10　我与土木 20 年

马年（2014）过去了，羊年（2015）的春节到了。按照传统的算法，春节才是真正的年，如果从 1994 年算起，我踏入土木行业已经 20 年，一半的职业生涯过去了。

我从绘制楼梯开始，做了大大小小几十个工程，作为第一作者发表论文将近 20 篇，获得授权专利 10 项。部分成果进入世界领先行列，其中多边多腔钢管钢筋混凝土结构已经被用到天津 117 等项目，屡创世界纪录的巨柱均采用了该结构；雅安地震之后，综合逃生法被多所学校地震逃生培训所采用……同行还比较认可，有的专家学者甚至称多边多腔钢管钢筋混凝土巨柱为姚氏巨柱。粗粗算来，自己在专业领域做的事情还是有限，也就是一台"286"吧。

2：2 项目，以中国尊和天津 117 工程为代表作（均超过 500m）

8：2 个 8，在之前的工程实践中，创造了综合效益 16 亿元以上

6：2 个 6，有 6 项世界第一和 6 项国内第一（详见附注）

在将近二十年的过程中，我一直从事技术或技术管理工作，先后经历了学生、助工、工程师、主任工程师、总工程师兼副总经理等各个岗位，对土木行业的酸甜苦辣有些亲身体会和认识，新年来临之际，有几点感受与朋友分享，尤其是与年轻的朋友分享。

1. 珍惜

我已经离开学校许多年了，我和我的老师同学一直保持联系，我很感谢他们。

20 年前，我刚迈入西安建筑科技大学校门时，对建筑学和建筑工程的区别都不大清楚，是西安建筑科技大学给了我专业启蒙。西安建筑科技大学（下简称西建）原名西安冶金建筑学院，是著名的建筑老八校，多位老师和校友被评为院士，以陈绍藩教授为代表的许多专家学者在土木界享有盛誉，结构专业是其王牌学科，在学校历来是重点建设对象。在那里我们受到了非常扎实的训练，实习时，我们扛着水准仪、经纬仪等跑来跑去，那可是 20 世纪 90 年代上万元的家伙，当时许多学校难以让学生随便使用这样好的设备。老师专业能力强，教结构力学的是牛狄涛老师，教抗震的是白国良老师，教岩土的是刘明振老师……这些老师既有良好的理论水平，又有丰富的工程实践经验，而且教学很认真，我现在还记得白老师给我们上抗震的课程，为了让大家好好听讲，当众关闭了自己的 BP 机，刘老师多次给我们答疑辅导。我们那一届的学生总体来看是比较刻苦的，经常要到自习室抢占座位。毕业之后同学之间也保持联系，相互帮助。西建给我打下的扎实基础使得我受益终身。

如果说西建给我打下了基础，清华则给我插上了翅膀。由于机会较好，我又踏入清华大学继续深造。到清华之前，我的座右铭是韩愈答李翊书的一段话"无望其速成，无诱于势利，养其根而俟其实，加其膏而希其光。根之茂者其实遂，膏之沃者其光晔。仁义之人，其言蔼如也。"这恰与清华"厚德载物、自强不息"的校训精神相吻合，所以我很快适应了清华大学的环境和氛围，如鱼得水。在清华，我的研究方向是岩土方向，当时教我

们的许多老师是国内超一流专家：李广信（黄文熙讲座报告人）、陈祖煜（院士）、郑颖人（院士）、张建民（黄文熙讲座报告人）……我毕业论文课题是关于非饱和土土压力理论的，这在当时是很前沿的领域，那个时候本科是不学习非饱和土土力学的，即使岩土专业的研究生也多数不学习非饱和土土力学。导师张明老师对我很信任，我放手一搏，在论文中提出了广义郎肯土压力理论。这相当依赖于李老师的指点、同室师友的激励、导师的支持。戴荣博士等曾经多次和我研讨到实验室关门时刻，他们不断地提出犀利的问题。我的导师则把我的公式整个重新推导一遍，核查其正确性。2014 年我回清华进行学术交流，尽管我的报告内容与导师的研究方向差异很大，导师仍然坚持全程听了报告。清华师友对我的教诲终生难忘。

珍惜自己的老师和同学，珍惜校园时光。

2. 有容

结构工程师做事严谨认真，但有时容易陷入眼界狭小的泥潭，然而土木工程具有很复杂的一面，具有开放的胸怀，吸取不同的观点相当有必要。我第一次提出"巨震，（避难单元）不倒"的设计理念和砌体钢筋混凝土筒体结构时，这与传统抗震理念不一致，与抗震规范部分条文直接冲突，而且需要引入地震逃生等非结构专业的内容，一度被认为结构抗震概念有问题，我自己压力也很大。刘西拉老师（刘老师曾被任命为国家攀登计划土木、水利项目首席科学家，原清华土木系主任）在第一届防倒塌学术会议上刚好和我坐在一起，只是报告期间听了我的简单介绍，便建议我在大会上给大家交流，并建议我多了解学术界对倒塌的研究成果。陈肇元院士也大力支持这个有些离经叛道的理念，多次给予指导，鼓励我推广这个理念。陈院士还曾经特意鼓励我："您很有创新思想，不妨同时在提高混凝土结构、钢结构或者钢—混凝土混合结构的抗震性能上，做出贡献。"我每次读到陈老师的这句话总是感受到压力和动力。刘西拉老师和陈肇元院士均是结构领域的大家，他们的行为对我们这些晚辈非常有启发，那就是海纳百川，有容乃大。在学术上能够做出成就的大家，往往胸怀宽大，能包容不同的观点。

3. 尊重

坦率地说，国内的学术氛围不是太好，距离德美等国家还有一定距离，中国科学院学部主席团在 2014-05-26 发布了"追求卓越科学"的公告，在公告中指出"目前，我国科学界浮躁现象比较严重，科学精神缺失，失范甚至不端行为屡有发生。"

作为我们，由于种种原因难以兼济天下，但是我们可以从自身做起，努力做到独善其身。自己发表学术成果时尽可能按照学术规则表达，客观地介绍、引用他人的研究成果，如果犯了错误，及时改正。这是对土木的尊重、对同行的尊重，对自己的尊重。在 2014 年底的高层结构学术会议上，聂建国院士做了关于组合结构的学术报告，对于每一个他人的成果，聂院士都会注明其出处，在表达上可称得上典范，值得我们学习。对于他人有意或者无意侵犯到自己的学术成果，自己宜勇敢地站出来，按照学术规则积极维护自己的权益。世界没有救世主，学术环境的净化依赖于双方的博弈，鼓励大家做一个持剑的君子！也许经过 10 年、20 年的努力，学术的雾霾就慢慢消散了。

4. 坚韧

"古今成大事业者，不惟有超世之才，亦有坚韧不拔之志。"——苏轼在从事土木工程的漫长岁月中，遇到困难、挫折是不可避免的事情，然而有时成功就在于坚持。我在 2009 年设计天津 117 时，碰到巨柱问题。巨柱是整个大楼安全的关键，截面达到 45 平方米，是当时世界上最大的柱子。设计过程困难重重：截面？节点？柱脚？承载力？……真是"前无古人"的感觉，完全在迷雾中摸索，一不小心就可能成为"烈士"。但是自己坚持下来了，最终取得了多项第一，其中"多边多腔钢管钢筋混凝土巨柱技术"为土木工程领域突破性成果，有的专家甚至认为该巨柱技术可称之为姚氏巨柱。更令人开心的是该技术"后有来者"，中国尊等项目均沿用了该技术。苏轼、牛顿、爱因斯坦等天才成功尚离不开"坚韧"两字，"坚韧"对我们这些土木人就更加重要了。

回首往事，自己在师友和同事的支持下，取得了一些成绩，但是还有许多不足。展望未来，自己还有将近 20 年的专业生涯，真希望在下一个 20 年，在各位同行和师友的支持和帮助下，自己能够从一台 286 逐步升级到 386、486……

羊年大年三十（2015-02-18）完成小文，与师友共勉。

2015-03-30 局部修改。

附注：

1. 按照结构高度（屋顶高度）计算，天津 117 是目前中国最高的楼，高 597m，我是天津 117 的结构主设计师；中国尊是北京第一高楼，高 528m，也是世界上 8 度抗震设防区第一个超过 500m 的建筑物，我是中国尊的结构设计总监。

2. 世界领先有以下事项：首次设计了建筑物中超过 $30m^2$ 的巨柱；首次设计了建筑物中超过 2.5m 厚的钢骨钢筋混凝土剪力墙；首次设计了建筑物中超过 1.5m 厚的外包多腔钢板混凝土剪力墙；首次提出了多边多腔钢管钢筋混凝土巨柱并实施；首次提出了地震综合逃生法及其 4 要素；首次设计了 8 度抗震区第一个超过 500m 的建筑物结构。

3. 国内领先的有以下事项：首次提出设防巨震及"四水准、多阶段"的应对措施；首次提出了"巨震，（避难单元）不倒"的理念并应用到不同结构；首次提出了主动式变刚度调平桩及其施工方法；首次提出了非饱和土改进的摩尔库仑破坏准则；首次提出了非饱和土的广义郎肯土压力理论；作为主要成员设计了国内第一个檐口高度超过 590m 的建筑物结构。

11　八年

饱和度小于 1.0 的土统称为非饱和土，世界上绝大多数地表土为非饱和土，饱和土是非饱和土的一种特殊形式。非饱和土对工程影响相当大，北京院总工程师齐五辉先生曾经给我讲过他经历的一个实际工程，在北京某项目，考虑到两侧建筑物有高差，便根据计算分析结果，预留了一定的高差，结果过了几十年，高差仍然存在。这很有可能是由于非饱和土的特性引起的，北京的表层土是典型的非饱和土，存在一定的土基质吸力，从而使得土的变形模量值大于设计值，造成变形量小于设计值。

与饱和土不同，精确的研究非饱和土的强度、变形等性能需要引入基质吸力（u_a-u_w）作为独立变量，其复杂程度远超过饱和土。

$$(\sigma - u_a) = \begin{bmatrix} \sigma_x - u_a & \tau_{yx} & \tau_{zx} \\ \tau_{xy} & \sigma_y - u_a & \tau_{zy} \\ \tau_{xz} & \tau_{yz} & \sigma_z - u_a \end{bmatrix}$$

$$(u_a - u_w) = \begin{bmatrix} u_a - u_w & 0 & 0 \\ 0 & u_a - u_w & 0 \\ 0 & 0 & u_a - u_w \end{bmatrix}$$

由于受李广信老师的影响，自从 2001 年，我开始从事最经典的土压力研究，而且选择了从非饱和土角度研究。当时非饱和土还是小众的学习和研究，本科生不学习此领域，即使研究生也只有少数人会深入其中。引入基质吸力之后，非饱和土的抗剪强度与传统的饱和土抗剪强度不同，公式必须重新改写。Bishop 等在 1960 年提出了著名的非饱和土抗剪强度公式：

$$\tau_f = c' + [\sigma - u_a + \chi(u_a - u_w)]\tan\varphi'$$

Fredlund 等在 1978 年提出了基于双独立变量的抗剪强度公式：

$$\tau_f = c' + (\sigma_n - u_a)\tan\varphi' + (u_a - u_w)\tan\varphi^b$$

在该公式中，非饱和土的抗剪强度包络面是一个平面；后来 Fredlund 教授等提出基质角 φ_b 是一个变值，也就是说非饱和土的抗剪强度包络面是一个曲平面。

经过将近 8 年的努力，我们对抗剪强度有了一些新的认识，认为 Fredlund 教授抗剪强度公式是有缺陷的，难以准确描述低饱和度土的特性。在 2009 年，在之前的基础上我们的研究成果连续发表在《岩土力学》第 8 期和第 9 期上。《岩土力学》是国内岩土领域最顶尖的学术刊物之一，也是我国土木领域最早入选 EI 索引的刊物之一，编审校很是严格。

$$\left.\begin{array}{l} \tau_f = c^g + (\sigma_n - u_a)\tan\varphi^g \\ c^g = c' + c^e, \varphi^g = \varphi' + \varphi^e \end{array}\right\}$$

在我们的研究成果中，抗剪强度包络面不再是曲平面，而是直纹面的一种，可用轨迹面来描述，母线是摩尔-库仑包线，轨迹线是黏聚力-吸力曲线（简称 CSC 曲线），母线与 $(\sigma_n - u_a) - (u_a - u_w)$ 坐标面的夹角随着基质吸力的变化而改变，改变的规律遵照摩擦角-吸力曲线（简称 FASC 曲线）所对应的函数关系。在文中，我们用 3 个相互独立试验和干土与饱和土的极端例子证明了自己的观点。

记得当时《岩土力学》的一位编辑同志告诉我，审稿人给予"再论非饱和土的抗剪强度"的评价很高。岩土界殷宗泽老师对我们提出的抗剪强度公式相当认可，李广信老师、包承纲老师也认为非饱和土的摩擦角是变化的，这几位先生均为学界大师级人物，先后被选为黄文熙讲座报告人——国内岩土领域最高水准的讲座。部分中青年专家也认可我们的观点。

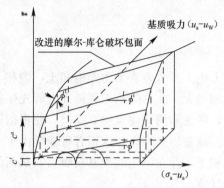

图 11-1　非饱和土改进的摩尔库仑破坏包络面

图 11-2　第十届土力学及岩土工程学术会议
（2007，左侧为作者，右侧为李广信教授）

图 11-3　第三届岩土工程大会（2009）

从 2001 年开始学习非饱和土，截至 2009 年，我在非饱和土领域持续做了 8 年的研究，在非饱和土抗剪强度、土压力等做了一些工作，对自己的工程实践是有益的。自己有一点感受：非饱和土土力学非常利于解决岩土工程难题，如果有时间和精力，国内的结构工程师应该尽可能补一下这门课程。

后记——意外之喜

截止到 2014 年，《再论非饱和土的抗剪强度》引用次数已经达到 13 次，年均 2.6 次/年。该文在《岩土力学》2009 年第 8 期发表，从 2010～2014 年，每年都有研究者引用，频率不是很高，但是较为稳定。这出乎我的意料，毕竟这篇论文的工作单位是设计院，在此领域没有任何积累；而且 2008 年 5 月 12 日之后，我本人的重点转移到了工程、结构、地震等领域，很少在岩土类学术会议上与大家进行交流。

这篇论文实质上对非饱和土土力学权威 Fredlund 教授的抗剪强度公式进行了改正，按照 Fredlund 教授的观点，非饱和土抗剪强度包络面是摩擦角为定值的曲平面，Fredlund 教授给出了相应的数学描述，即扩展的摩尔库仑破坏准则。我们发现，该包络面有一定的局限性，尤其是对高基质吸力的情况下，摩擦角也是变化的，包络面应该是摩擦角可以变化的直纹面，我们给出了相应数学描述公式，即改进的摩尔库仑破坏准则。鉴于破坏准则是土力学的基本理论，这个破坏准则的影响力也许会越来越大。希望对我国非饱和土土力学发展有所贡献。

通过中国学术期刊网络出版总库检索到的引证文献：

[1] 傅蜀燕，袁坤，彭胜利，轩宁. 含水率对高液限细粒土砾与粉质黏土抗剪强度影响比较研究 [J]. 水利科技与经济. 2014（02）.

[2] 姜彤，张俊然，陈宇. 非饱和膨胀土剪切强度参数对比试验研究 [J]. 华北水利水电学院学报. 2013（04）.

[3] 黄琨，万军伟，陈刚，曾洋. 非饱和土的抗剪强度与含水率关系的试验研究 [J]. 岩土力学. 2012（09）.

[4] 王少涛. 分析土的抗剪强度试验的荷重设定 [J]. 才智. 2012（16）.

[5] 姚攀峰，祁生文，张明. 基于路径的非饱和土抗剪强度指标确定方法 [J]. 岩土力学. 2009（09）.

[6] 姚攀峰. 基于安全系数比的非饱和土边坡极限平衡法 [J]. 岩石力学与工程学报. 2009（S1）.

中国博士学位论文全文数据库

[1] 侯龙. 非饱和土孔隙水作用机理及其在边坡稳定分析中的应用研究 [D]. 重庆大学 2012.

中国优秀硕士学位论文全文数据库

[1] 习羽. 基于常规试验的非饱和黄土强度参数的研究及应用 [D]. 长安大学 2014.

[2] 张宏明. 非饱和土石混合体的力学特性左变形破坏机制研究 [D]. 长江科学院 2011.

[3] 李俊业. 基于非饱和土力学理论的工程弃土堆积体边坡稳定性分析 [D]. 重庆交通大学 2011.

[4] 祝峻. 地基固结过程中软土抗剪强度增长评价 [D]. 浙江大学 2010.

[5] 万文. 水位循环升降下库岸边坡渗流与应力耦合分析及稳定性研究 [D]. 南昌大学 2012.

[6] 李宇晗. 含水率及黏粒含量对非饱和土强度影响试验研究 [D]. 华东交通大学 2014.

（注："八年"初稿完成于 2014-11-11，"后记"完成于 2015-5-21，局部有修改）

12 中国尊过关小记

12.1 前言

中国尊是世界上 8 度设防区第一个超过 500m 的建筑物，地震作用是上海中心的 1.7 倍，难度甚至超过了哈里发塔。其设计过程也是充满了挑战、挫折、争执、妥协、喜悦，最终取得了辉煌的业绩，在结构上获得多项世界第一和国内第一，是技术、科研、工程的集成创新成果。特写此文向团队成员至以敬意。

12.2 实验

2013 年 12 月 5 日，在中国建筑科学研究院的建筑安全与环境国家重点实验室里，中国尊的缩尺模型经受了一场大考，国内最大的三维地震振动台在下午输入了 3 向 8 度大震时程波，模拟了地震加速度 400gal 的振动台试验，12 月 6 日又模拟了地震加速度 510gal 的试验，中国尊主体结构模型在大幅摆动之后，巍然耸立在基础之上，实现了"8 度大震不倒"的预定性能目标。这是世界第一个 8 度设防区超过 500m 的建筑物振动台试验，也是中国尊主体结构的一次里程碑事件，标识着中国尊主体结构顺利通过了振动台的大考。中信、奥雅纳、北京院、建研院等单位的相关人员来到了试验现场，并为试验结果的成功而庆祝。

图 12-1 中国尊

图 12-2 中国尊振动台试验（中间为作者，左 1 束伟农，左 2 杨蔚彪，左 3 齐明，右 1 张相勇，右 2 殷超，右 3 王建）

这个成功是非常不易的，是中国尊整个结构团队经过将近 3 年反复地讨论、计算、绘图、论证、修改实现的。作为中国尊的结构设计总监，我既是中信的一员，也是中国尊结构设计团队的一员，由于位置比较特殊，对结构设计的情况了解较其他同志可能多些，一些朋友再三建议写些东西，与大家分享经验。回想往事感慨万千，特写本文与大家分享中国尊结构设计的过程与成果。

12.3 棒喝

其实中国尊的结构设计是相当不顺利的，第一次超限审查预审会就迎来了专家组的当头棒喝。至今我还记得 2011 年 8 月 18 日在中信京城大厦的超限审查会议的情景，当时在合作单位的主导之下，中国尊的结构体系为下部交叉支撑上部密柱框架的巨型组合结构，结构地震总重量接近 80 万吨，但是位移角不足 1/500，剪重比约 1.7%，上述重要指标均不能满足国家标准。该设计受到了专家的严厉质疑，徐培福主任（超限委主任，专家组组长）、容柏生院士等先后提出了质疑和反对意见，尤其是结构体系遭到了质疑，大多数专家持否定态度，部分专家明确指出："体系太乱了"，"这个体系我觉得明显的反应出刚度突变……（刚度）突变，特别是高烈度区，是危害性很大的。"

中国尊结构设计遇到了严重的危机，而且是最根本的结构体系遭到质疑。

12.4 逆转

2011 年 10 月份，中信与合作方进行工作交接，我作为结构设计总监（前期为结构副总工）开始正式全面管控本项目的结构设计工作。当时情况极其严峻：

1. 难度大

中国尊是世界上 8 度抗震设防区第一个超过 500m 的建筑物，且从下至上是一个大-小-大的亚腰形超高层建筑物，更加加剧了抗震和抗风的技术难度，结构难度空前。同时本大楼要严格控制成本和进度，如何既实现结构安全又要经济合理是一个极大的挑战。我在广州与容柏生院士聊到这个项目，容先生认为这个项目难度超过哈里发塔。

2. 时间短

结构设计是施工、报规等的前提条件，处于关键路径上，直接制约工程进度。经过调研，国内 500m 以上的超高层超限审查时间在方案确定之后约需要 18 个月，中国尊在 2012 年 2 月份才确定了建筑初步方案（方尊、圆尊），期间方案不断调整，最终在 2013 年 2 月 7 日完成所有审批工作，远少于其他项目的时间。

3. 经验少

中国在 2011 年之前只有天津 117、上海中心、深圳平安三栋建筑物超过 500m。中国尊是世界上 8 度区第一个超过 500m 的建筑物，地震基底剪力约是上海中心的 1.7 倍，难度空前。

尽管中国尊结构设计团队有着 Arup、北京院、武汉院、华东院等国际、国内一流的队伍，然而做过 500m 以上结构实际设计的人员却只有刘鹏、姚攀峰等少数几人。相对住宅等普通项目而言，具备相关经验的专业人员很少。

有将近百年开发经验的合作方已经在第一次超限预审会中铩羽而归，同样由国际一流团队设计的平安中心被迫在过程中修改了结构体系。中国尊能行吗？当时我的压力很大。

作为中国尊结构设计团队，有条件要上；没有条件，创造条件也要上。2011 年 10 月，建筑方案是方尊还是圆尊的大方向还没有确定，结构团队已经开始了工作，对剪重比、剪力分配比、刚度、时程波、风洞试验参数等进行了一系列的研究和讨论，并同时开展了多方案的探索和桩基设计的相关工作，采取了一系列的措施，例如：降低核心筒的自重；增加斜撑从 4 区到细腰处 5 区，减少刚度突变；不同结构耗能机制的分析等。

丘吉尔首相在二战期间有一段名言："若问我们的政策是什么？我的回答是：在陆上作战，在海上作战，在空中作战……"这一段话非常合适用于中国尊结构团队。当时我们在北京作战、在上海作战、在武汉作战、在纽约作战；我们在白天作战，在晚上作战，在工作日作战、在周六周日作战。正式和非正式的研讨会举行了几十场，邮件和电话交流更是难以准确计量。图 12-3 是我们工作邮件的局部截图，发送邮件时间是凌晨 1：33。

Re: 关于桩基承载力特征值的进一步分析 ☆
发件人：姚攀峰 <threestone0302@gmail.com>
时　间：2012年5月17日(星期四) 凌晨1:33
收件人：Gary Ge <gary.ge@arup.com>
抄　送：计昆 <jikun@re.citic.com>; 孙警鑫 <sunxx@re.citic.com>;
　　　　Peng Liu <Peng.Liu@arup.com>; Chao Yin <chao.yin@arup.com>;
　　　　奥雅纳-z15项目邮箱 <PEK.Z15@arup.com>; Freda Chu <Freda.Chu@arup.com>;
　　　　Sophia Gao <sophia.gao@arup.com>

Gary及各位：
　　您好
　　谢谢辛勤劳动。
　　看到之后，尚有以下疑问：

图 12-3　超限期间沟通邮件（时间 2012-5-17 凌晨 1：33）

2012 年 4 月 17 日，召开了第二次超限预审会，这是一个令我印象极其深刻的日子，同一个结构体系，中国尊的结构设计得到了超限委专家的认可，实现了大逆转。

12.5　追击

第二次超限审查得到了专家认可之后，结构团队没有松懈，继续努力，乘胜追击。第三次超限审查期间，中信经过多方面权衡，取消了中国尊顶部的公寓和酒店，作为一个纯高端写字楼。这对结构而言是一个利好消息，结构团队当即决定，根据新的业态调整结构设计，交叉斜撑一直延伸到顶部第七区，并采用了多边多腔钢管钢筋混凝土巨柱等新技术。在短短的一个多月，完成了修改后的结构设计。本次振动台试验表明，细腰处明显较柔，顶部的斜撑有效地提高了结构的安全性，倘若仍然按照老设计，也可能存在难以预料的风险。

在 2012 年 8 月 18 日，举行了第三次超限审查预审会，多位专家非常认同修改后的结构设计，给予了高度评价，部分专家甚至认为可以直接举行正式审查。

12.6 三折

也许中国尊关注度太高，也许中国尊难度太大，也许前面的工作太顺利，中国尊注定要经受更加严格的考验。第四次超限审查原计划 11 月中举行，后来推迟到 11 月底，再后来推迟到 12 月 19 日。

为了慎重起见，我们按照原定计划，把这次会议开成了预审会。预审会上一度比较紧张，部分计算数据、节点构造遭到了质疑。尽管专家认为修改补充后可举行正式超限审查会议，满足了预定目标，这次会议效果不好，也是我主管以来较为严重的一次挫折。

12.7 盒饭

痛定思痛，只有用更扎实的分析、设计、构造等才能真正获得专家的认可，才能真正提高大楼的安全性和经济性。结构团队在各方的支持下，我们加快了与专家和顾问单位的沟通。2013 年 2 月 5 日，不到 1.5 个月，中间还有元旦的法定节假日，我们又来了，充满信心的举行了正式超限审查会（第五次超限审查会），建委的领导、各顾问单位结构老总都到了现场，汇报顺利进行，答辩顺利进行。当本项目审查组组长徐培福主任宣布"通过"的时候，全场响起了热烈的掌声。

没有鲜花、没有美酒，结构团队按照国家的管理规定，以盒饭、茶水庆祝了正式超限审查的顺利通过。

图 12-4 超限审查会现场 1（图中为徐培福、容柏生等审查专家）

图 12-5 超限审查会现场 2
（左为容柏生院士、右为作者）

2012 年 2 月 7 日，仅 2 天时间，建委正式审批通过了本工程超限审查，在第一时间，我把这个喜讯作为新春贺礼通告给了相关人员，大家过了一个愉快的春节。

12.8　硕果

中国尊结构设计从 2012 年 2 月份建筑方案确定，到 2013 年 2 月份结构超限审查正式通过，整个超限审查时间仅为一年，较同类项目减少了约 6 个月以上的时间。结构超限审查绝不仅仅是 2 月 15 日的一次专家审查会，更是中国尊结构设计从雏形到初步设计基本完成的复杂过程，较第一次结构预审会，最终的结构初步设计成果有了质的飞跃。（1）安全性有了质的提高，结构体系合理，位移角、剪重比等均可满足国家标准，不但能够抗大震，而且能够抗巨震（峰值加速度 510gal）；（2）成本大幅度下降，保守估计创造综合经济效益高达 10 多亿元；（3）超限审查的周期创造了国内同类项目的记录。中国尊结构设计取得了辉煌的战果！

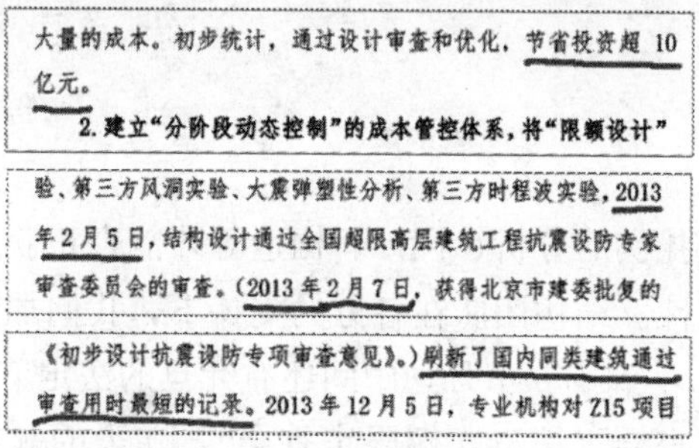
大量的成本。初步统计，通过设计审查和优化，节省投资超 10 亿元。

2. 建立“分阶段动态控制”的成本管控体系，将“限额设计”

验、第三方风洞实验、大震弹塑性分析、第三方时程波实验，2013 年 2 月 5 日，结构设计通过全国超限高层建筑工程抗震设防专家审查委员会的审查。（2013 年 2 月 7 日，获得北京市建委批复的

《初步设计抗震设防专项审查意见》。）刷新了国内同类建筑通过审查用时最短的记录。2013 年 12 月 5 日，专业机构对 Z15 项目

图 12-6　公司年终总结

12.9　奉献

根据相关合约规定，中国尊结构设计的知识产权属于中信集团，但是我认为荣誉属于整个结构设计团队。在中国尊项目中，所有参与结构设计、咨询、审核的人员做了相关工作和努力，是他们的奉献造成了这座丰碑。他们是结构设计团队的一员，是中国尊的英雄，鲜花属于他们！

看到振动台试验验证了当时设计的理念，想起了当年的汗水、委屈、争执、快乐，感慨万千，也为之自豪！在此再次感谢结构设计团队的无私奉献和努力。

附 1：中国尊简介

中国尊是位于北京市朝阳区 CBD 核心区 Z15 地块的一幢超高层建筑。建成后将是北京市最高的地标建筑。该项目西侧与北京目前最高的建筑国贸三期对望，建筑总高 528m，未来将被规划为中信集团总部大楼。

尊，古之礼器。意为敬奉，起时双手捧至顶，行顶天立地之势。所以设计者以“中国尊”为北京第一高度建筑的寓意：建筑高耸直入云端，表现出顶天立地之势，与“尊”的表现不谋而合。而且以尊为建筑形态，也有别于北京超高层建筑常见的直线形态，使这一建筑林立在 CBD 核心区的摩天楼群中也能明显体现出庄重的东方神韵。

当然，“中国尊”的意味不仅体现在建筑的形态上，由于其位于特殊地理位置和身负北京第一高度的重任。因此其建筑本身也具有“尊”的内涵：在以世界级城市为发展目标的北京 CBD 核心区内的城市最高地标性建筑取“尊”之意，寓意这座建筑是以“时代之

尊"的显赫身份奉献"华夏之礼"。"中国尊"的建筑设计方案在竞标中是以专家评审总分第一名的成绩脱颖而出。能够受到专家的如此青睐，不仅在于建筑形态的大气之美，符合中国人传统的审美观，同时又不失时尚之气，因此被很多专家高度评价为是极具中国审美，又体现出世界潮流的当代建筑风格。

　　附2：补叙

　　中国尊的设计不是哪一个单位独立完成的，它是结构设团队共同工作的成果。该项目是由中信、奥雅纳、北京院、华东院、中信总院、森大厦等共同完成的结构设计，中信方面主要是姚攀峰等人，奥雅纳方面主要是刘鹏、殷超等人，北京院主要是齐五辉等人，顾问单位主要有华东院姜文伟、森大厦郭献群（超限审查之后参与）等，超限审查组主要有徐培福、容柏生等专家；中航堪、北堪、建研院和 rwdi 等单位做了勘察、相关试验等工作。我本人做的具体事情，作为设计总监，除了结构设计管理和技术审核之外，可以简述为"一体四块多风险"。

　　"一体"：我在天津 117 基础上提出了巨型支撑框架＋高延性双连梁核心筒结构体系，并把整合式抗震全方位地贯彻到整个工程中去，得到了实施。

　　"四块"：（1）桩筏，我提出桩承载力 15000kN 左右，并要求试桩达到 40000kN（2012），创造了北京单桩承载力的记录，得到了实施；（2）巨柱，在第二轮中，巨柱为钢骨柱，我提出多边多腔钢管钢筋混凝土巨柱技术并得到了实施；该技术是我在 2009 年首次提出的技术，并在天津 117 项目中进行了首次实践，设计了当时世界上最大的柱，截面达 45m²，是世界上第一个超过 30m² 的柱子，业内也有专家学者称之为"姚氏巨柱"（为了表达简洁，本书采用"姚氏巨柱"）；（3）核心筒，我提出了高延性双连梁核心筒方案（2011，北京），并和建研院薛彦涛等提出下连梁采用耗能梁方案（2012，厦门），得到了实施；（4）梁板体系，2014 年我对梁板体系进行了优化，得到了实施。

　　"多风险"：由于本工程的复杂性，在设计实施过程中我发现了多处风险并有效控制了相关风险。

图 12-7　试验桩现场

图 12-8　风洞试验（前排右 2 是作者，其他为项目组同事）

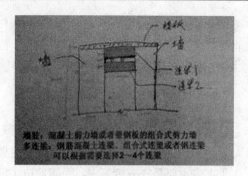

图 12-9　高延性双连梁核心筒

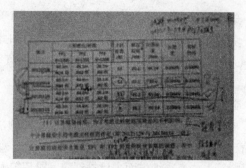

图 12-10　桩基分析

13 关于多边多腔钢管混凝土巨柱设计的回忆及感受

一些朋友看到我写的"也谈第一"之后，给予了许多鼓励和支持，其中部分朋友对天津 117 项目的多边多腔钢管混凝土巨柱（曾经称之为多腔异形钢管混凝土巨柱等名称）设计过程颇感兴趣，故特写此短文与大家分享。

天津 117 的巨柱是重要构件，直接关系到整个大楼的安危，其地上部分最大截面积达到 $45m^2$，重量约占据了结构自重的 30％，是当时世界上最大的巨柱，没有任何先例，难度空前。巨柱可以分为柱脚、节点、柱身三大部分，三者相互影响，共同构成一个完整的巨柱，其中难度最大的是柱脚和节点，相对而言柱身截面反而简单一些。

概念方案设计阶段，香港总部的方案为钢骨柱，给出了参考柱身截面，尚没有考虑柱脚和相应的节点，参见图 13-1。

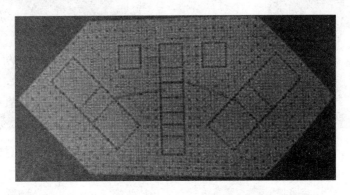

图 13-1　方案阶段的巨柱

进入初步设计阶段，由于节点难度很大，且直接制约柱身、支撑等设计，当时的项目总监 Goman 安排我做节点设计，巨柱柱身设计是做节点设计的前提条件，必须先解决巨柱、巨撑等重要构件设计的前提下，才能深入设计节点。在做设计的过程中，我发现原钢骨柱有不足的地方，如钢板过厚等，参见图 13-2，有了采用钢管柱的初始想法并与同事进行了交流。

当时世界上最大的钢管柱为台北 101 巨柱，最大柱截面为 $7.2m^2$，本巨柱地上部分最大截面积达到 $45m^2$，约是其 6 倍，如何设计？时间紧、压力大，在深入设计的过程中，我逐步形成了多边多腔钢管混凝土巨柱的思想和概念，尝试了几十种柱身设计方案，才设计出来当时较为满意的巨柱柱身截面，完成了地上部分巨柱柱身截面设计，得到了 Arup 同事的认可，并在初步设计阶段第一次超限审查会议上提交，也得到了专家的支持和认可，这是世界上首次完成的多边多腔钢管混凝土巨柱设计，参见图 13-3。

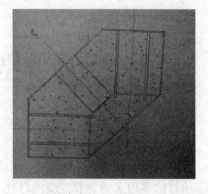

图 13-2 巨柱、桁架和节点早期的概念设计　　　　图 13-3 巨柱柱身在第一次初步设计阶段的设计

在此基础上我进行了节点设计、巨柱地下部分柱身设计、柱脚设计、地上部分柱身截面局部调整，形成了最终实际施工的巨柱柱身截面、柱脚、节点，完成了整个巨柱设计，并在工程中得到了实施，参见图 13-4～图 13-6。在整个设计过程中张义元、樊可、殷超、Kevin LI 等同志参与了部分工作，也得到了 Goman、陈富生等同志的支持和鼓励。

图 13-4 现场施工的巨柱 1　　　　图 13-5 现场施工的巨柱 2

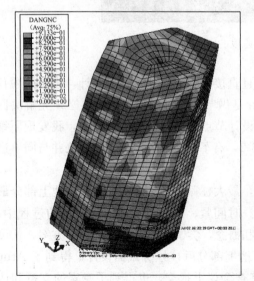

图 13-6 巨柱有限元分析（2014）

在天津 117 之前，超大型巨柱均采用了钢骨柱（上海环球、上海中心等），多边多腔钢管混凝土巨柱的提出和实现对超高层结构设计有着重要的作用，有效解决了天津 117 巨柱的问题，并应用到了中国尊、大连国贸等项目中，给超高层建筑设计提供了一种有效的手段。据说傅学怡大师得知此信息之后，一度也曾经想把深圳平安的巨柱改为多腔钢管柱。目前多边多腔钢管混凝土巨柱也成了研究的一个热点，我相信其在超高层建筑中将起到越来越重要的作用。

有几点感受与朋友共享：

1. 有效创新不易

多腔钢管柱设计出来之后，现在看来不难，我翻阅了当时的设计及草图，其实过程很艰辛，也付出了许多努力和汗水，因为当时没有路标，完全是在迷雾中摸索。

2. 要敢于创新

在天津 117 之前，上海中心等工程的超大型巨柱均采用了钢骨柱，而且香港总部的初始方案也是钢骨柱，北京办公室内部也有多种不同的声音，采用多边多腔钢管混凝土巨柱是有巨大压力和困难的。一个优秀的设计师要敢于基于实际情况进行必要的创新。

3. 要综合平衡

做工程不是搞研究，可以任由设计师天马行空，可以不承担后果，设计师必须在力学性能、加工、安装、经济等诸多枷锁的束缚下跳舞，并综合方方面面的约束，给出当时较为合适的解决方案和具体措施。否则一个蚂蚁可能绊倒大象。

4. 交流很重要

对一个创新的东西，从前无先例，甚至部分人员反对，到大家接受，工程实施，需要大量的沟通协调，说服工作，有效的交流很重要。这个方案的实施得到了 Goman 等人的帮助，也得到了张义元、葛冬云等人的大力支持，最终才能够真正实施。

5. 做人要严谨、坦荡

结构工程涉及安全、经济等，长期的职业生涯造成结构人严谨、客观、坦荡的优良作风。我接触到的一些前辈大师：陈肇元院士、容柏生院士、周镜院士等认真严谨、心胸坦荡，影响了一代人。这些前辈非常值得我们学习，结构人还是要踏踏实实做事，坦坦荡荡做人，才能真正为工程作出贡献，真正为社会创造效益。

14 设防巨震小记

14.1 前言

写完中国尊过关小记之后，收到了许多热烈的反馈意见。我便鼓起勇气，试图写一个更大的题目——关于设防巨震研究过程的小记。巨震的研究更加波澜壮阔，更加曲折坎坷，国内抗震领域的顶尖高手均先后涉及此课题的研究，但是还远远不够，6 年过去了，我们还在征途。本文写作内容仍然以我亲身经历和第一手资料为主，部分内容也可能涉及其他团队，写的不妥之处敬请指正。

14.2 汶川

2008 年 5 月 12 日 14 时 28 分 04 秒，四川省阿坝藏族羌族自治州汶川县发生里氏 8.0 级地震，地震造成 69227 人遇难，374643 人受伤，17923 人失踪。

这是一个值得所有中国人铭记在心的日子，也是改变中国结构界的日子！

我当时正在老钢院白广路办公楼工作，那是一个多层的砌体办公楼，突然感到头有些眩晕，接着办公桌开始摇动起来，我没有动，周边的同事也没有一个人动。过了几分钟，一位同事说，四川地震了，部分同事开始有些不安，议论起来，最终，大家还是安静地在办公楼里面继续工作。

那时我作为中方结构执行负责人负责国贸三期项目，且要处理临汾的一个项目，工作较忙，所以我平时基本不看电视，但是那段日子我每天看新闻。我看到了可怕的现场，看到了艰难的营救，看到了众志成城……我也看到了倒塌的房屋、错误的逃生、混乱的救援……

图 14-1　汶川地震中北川县城破坏的建筑物（摄影：陈燮）[18]

图 14-2　汶川地震泥石流掩埋的一个村庄　　　　图 14-3　逃生人员被压埋
（摄影：贾国荣）[19]　　　　　　　　　　　（图片来自网络）

　　几天过去了，实在不忍看这些东西，我给爱人说："关于地震，错误的东西太多了，我想写本书！"

14.3　八年

　　汶川地震之前，我做专业负责人已经 5 年了，负责设计或者参与设计了 UHN、国贸三期等项目，抗震设计是日常工作的一部分，但是在研究领域，我更多的时间放在岩土上，而且许多精力放在了非饱和土研究上。

　　截至 2008 年，我从事非饱和土的研究接近 8 年了，在全国性岩土大会上作了多次报告交流。许多朋友建议我沿着岩土的路子继续走下去，我想他们是对的。然而 2008 年 5 月 12 日，谁也想不到的日子，改变了许多人，也改变了我的轨迹。

　　地震来了！

14.4　砌体

　　砌体结构是世界上最古老的一种房屋结构形式，埃及金字塔、古罗马神庙，赵州桥……这些辉煌的建筑和桥梁都是石材、砖块等砌筑而成，属于砌体结构！

　　砌体结构具有抗压性能好、防火性能好、耐久性好等优点，也有脆性大、自重大的缺点，这些缺点在地震作用下相当不利，在高烈度地震中容易导致房倒屋塌。汶川地震中死亡人数最多的建筑就是砌体结构建筑物。

图 14-4　砌体结构的倒塌（图片来自网络）

部分专家提出取消砌体结构、取消预制板！这可能是未来发展的方向。但是在我国的今天，砌体结构仍然有着重要的位置。我国有大量已建和在建的砌体结构房屋，即使在北京、上海这些一线城市，砌体建筑仍然占据一席之地，到了县城村镇，砌体建筑物更是占据绝对的主流地位。

图 14-5　上海浦东新区某多层住宅小区
（砌体结构，摄影：姚攀峰）

图 14-6　北京某多层住宅小区
（砌体结构，摄影：姚攀峰）

现阶段如何有效解决砌体结构抗震的问题是对结构人的挑战。

我一边工作，一边思考砌体如何抗震，一边准备写书的材料，尽管爱人已经包揽家里全部的事情，还是忙得一塌糊涂，早上 6 点左右起床开始工作，晚上 11 点左右休息，没有周六，没有周日！

14.5　不知道

"本结构形式有下列优点：1. 房屋抗震性能大幅度提高，本结构结合了钢筋混凝土筒体结构的优势，较普通的砌体房屋抗震性能大幅度提高，使得房屋在地震中不易倒塌。2. 提供了最近距离的抗震避难所，钢筋混凝土筒体本身的抗震性能高于砌体部分，在地震中不易倒塌，可以为其中人员提供避难场所，由于是该避难所在室内，人员完全可以有时间逃到其中……"

——砌体-混凝土筒体结构 2008-6-30 版本

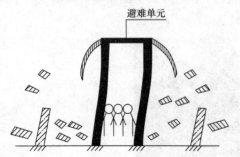

图 14-7　砌体钢筋混凝土筒体
结构的抗震概念示意图

"小姚，你是怎么想起来这种结构的？"

"不知道，一下子就想出来了！"

过了很久，王立军院长问我怎么想出砌筒结构的。不知道，我真的不知道！印象中那一段经常考虑砌体结构抗震的问题，我突然就想出了这个结构形式。

（注：王立军，原北京钢铁设计研究院民用院院长，《钢结构设计规范》主编，89 年清华大学博士毕业，2010 年度"钢结构杰出人才奖"，国内著名的钢结构专家和抗震专家。）

14.6　红灯

时间过得真快，一眨眼，到了 2008 年的年底，我在完成工作的同时，完成了《地震灾害对策》的初稿，也完成了地震逃生的模拟实验和论文。我稍作休息之后，开始继续考虑砌体抗震的问题。我先找到了民用院的总工程师尚志海先生，他是国贸三期的中方结构负责人，也是我的直接领导，著名的结构专家，我和他交流了想法，尚总觉得这种结构有问题，但是我的解释似乎也有道理，建议我问问王立军院长和其他几位老总。我和王立军院长约好之后，向他做了汇报，王院长直接给予了否决，认为违背了刚度均匀等基本的抗震概念，没有可行性。

14.7　年三十

王院的质疑宛如斯摩达克斯之剑悬在我的头顶，好在春节即将到来。假期是个好日子，可以全身心思考砌体抗震的问题。大年三十，人少车少，打一辆公交的士，我到了国家图书馆。国家图书馆条件非常好，窗明几净，许多人已经放假返乡，在人迹罕至的科技区，我一览前辈对砌体抗震的微言大义。王万钊、杨秀凤、周惟等人的"砖墙与混凝土剪力墙混合结构八层建筑模型抗震性能试验研究"对我们的研究工作非常有帮助。

过了春节，我写出了"论高烈度区砌体结构抗震" 4-1 版修改稿（2009-2-1），对砌体结构抗震有了新的认识和证据。在说服尚总等几位总工之后，我和王院又约谈了一次，大约不到 10 分钟，王院认同了我们的新观点。

14.8　逃生

我们结构抗震的新观点部分源自于我们 2008 年下半年对地震逃生的研究成果。

"农村单层砌体房屋中的地震逃生方法——国际地震动态，总第 363 期"

这篇文章不起眼，却是我国第一篇系统进行地震逃生研究的论文。在此之前，我国只有关于地震逃生的零星的经验记录，所以在汶川地震期间，关于地震逃生的谬论层出不穷，而且许多观点缺乏论证和依据。

我们针对死亡人数众多的农村单层砌体房屋的地震逃生展开了研究，做了上百次模拟实验，得到了许多有益的认识。在研究的过程中提出了目标安全区、逃生安全目标等级、逃生安全函数等一系列新概念，初步得到了逃生时间与逃生者个体、逃生者环境的关系；对地震逃生案例进行分析，得到了农村单层砌体房屋中的地震逃生各种方法的可行性；提出了基于目标安全区的地震逃生方法，给出了不同条件下逃生者的地震逃生方法。表 14-1 为我们实测一组逃生时间。

基于我们实验数据和案例研究，我们对农村单层砌体房屋地震逃生有了新的认识。在研究的基础上，我们给出了实用的逃生建议，详见表 14-2～表 14-4。

第 1 组时间测试表（中青年，男，中快跑，门敞开） 表 14-1

被测试人员编号	t_{s1}（s）	t_{s2}（s）	t_{s3}（s）	t_{s4}（s）	t_{s5}（s）
1	7.32	7.68	7.87	8.01	8.15
2	8.01	8.13	7.98	8.32	7.95
3	8.11	8.23	8.38	8.07	8.24
4	7.88	7.32	7.99	8.01	7.83
5	7.68	7.91	8.11	7.99	7.88

注：t_{si} 为第 i 次逃生时间。

单层砌体房屋地震逃生表（儿童、少年、中青年、行动迅速老人和幼儿） 表 14-2

编号	人员性别	人员状态	距室外距离（m）	门状态	逃生方法
1	男（女）	坐姿、站姿	短、较短	开敞	M3
2	男（女）	坐姿、站姿	短、较短	关闭	M3
3	男（女）	睡眠	短、较短	开敞	M1
4	男（女）	睡眠	短、较短	关闭	M1
5	男（女）	躺姿	长、较长	开敞	M1、M2
6	男（女）	躺姿	长、较长	关闭	M1、M2

注：短通常指 5m 之内，较短通常指 5～10m，较长通常指 10m 以上，长通常指 20m 以上，下同。

单层砌体房屋地震逃生表（婴幼儿、行动迟缓老人） 表 14-3

编号	人员性别	人员状态	距室外距离（m）	门状态	逃生方式
1	男（女）	坐姿、站姿	长、较长	开敞	M1、M2
2	男（女）	坐姿、站姿	长、较长	关闭	M1、M2
3	男（女）	睡眠	长、较长	开敞	M1
4	男（女）	睡眠	长、较长	关闭	M1
5	男（女）	躺姿	长、较长	开敞	M1
6	男（女）	躺姿	长、较长	关闭	M1

单层砌体房屋地震逃生表（婴幼儿、行动迟缓老人） 表 14-4

编号	人员性别	人员状态	距室外距离（m）	门状态	逃生方式
1	男（女）	坐姿、站姿	短、较短	开敞	M1、M2、M3
2	男（女）	坐姿、站姿	短、较短	关闭	M1、M2、M3
3	男（女）	睡眠	短、较短	开敞	M1
4	男（女）	睡眠	短、较短	关闭	M1
5	男（女）	躺姿	短、较短	开敞	M1、M2
6	男（女）	躺姿	短、较短	关闭	M1、M2

其中上述具体逃生方法参见表 14-5。

单层砌体房屋地震逃生方法表 表 14-5

编号	逃生方法名称	目标安全区	逃生行为	逃生原理	优点	缺点
M1	室内伏而待定法	室内 V 级安全区	立即蹲下，低于临近的桌椅等，保护头部，身体尽可能地缩小，减少水平面积	利用较高的桌椅等承受坠物的冲击力；降低重心，减少地震水平振动的影响；减少坠物的打击面。	逃生时间最短	逃生者可能实现 I 级或 II 级安全目标

续表

编号	逃生方法名称	目标安全区	逃生行为	逃生原理	优点	缺点
M2	室内三角区逃生法	室内Ⅳ级安全区	迅速跑到距离最近的三角区，到达后行为同"室内伏而待定法"	建筑物在墙角、卫生间处支撑构件较多，倒塌后易形成可容纳人的三角区，被坠物击中的概率较低	逃生时间较短	逃生者通常可实现Ⅰ级或Ⅱ级安全目标
M3	室外安全岛逃生法	较小面积、不受空中坠物打击的室外Ⅱ级和Ⅲ级安全区	以最快速度迅速跑到室外，然后双手保护头部，跑到距离最近的室外安全岛	从室内到室外是最危险的阶段，越快越好，到室外后，被空中坠物击中是主要伤害，所以双手保护头部，快速转移到室外安全岛	逃生时间较长，在安全岛逃生者通常可实现Ⅲ级安全目标	到安全岛的过程中可能被坠物击中，可能因条件限制无法实现
M4	室外安全带逃生法	室外Ⅰ级安全区	以最快速度迅速跑到室外，然后双手保护头部，跑到距离最近的室外安全带；或者在地震间隔期间，从安全岛转移到安全带	室外安全带是安全等级最高的区域，从室内到室外是最危险的阶段，越快越好，到室外后，空中坠物击中是主要伤害，所以双手保护头部	逃生时间较长，在安全带逃生者通常可实现Ⅲ级以上的安全目标	到安全带的过程中可能被坠物击中，可能条件限制无法实现，当地根本无安全带

从单层砌体房屋的逃生可知，即使如此简单的环境，由于不同人群和不同状态，相应的地震逃生应对方法也是多样的。大家可以看到地震逃生非常复杂，必须针对具体情况进行专门的研究。

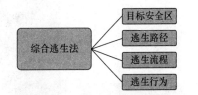

在此基础上，又经过多年的努力，2012 年 9 月，我们把对地震逃生的认识集结成书，出版了《科学地震逃生》一书，该书是国内第一部专门论述地震逃生的书籍，在书中首次提出了综合逃生法。根据具体的环境、地震和逃生人员状况，综合考虑各方面因素，确定具体的逃生安全目标区，选择合适的逃生路径和逃生行为，采用正确的逃生流程，得到成功概率比较高的地震逃生方法，称之为综合逃生法（the escape method based on the total cases，EMBTC 法），由地震逃生 4 要素组成。

按照综合逃生法 4 要素的要求，汶川地震之后一些稀奇古怪的逃生建议不能称之为真正完整的地震逃生方法。希望综合逃生法能够迅速被大家掌握，在防震减灾中发挥一定的作用。

感谢国际地震动态的编辑同志和审稿专家，"农村单层砌体房屋中的地震逃生方法"一文在 2009 年 1 月

图 14-8　标准的低蹲护头行为

7 日寄出，2009 年 3 月 3 日即被录用，中间还有一个春节！

感谢中国建筑工业出版社的编辑同志和沈元勤社长，他们充满了社会责任感，不但出版了《科学地震逃生》，而且在 2013 年 1 月 12 日和我们一起举办了第一届地震逃生论坛！

图 14-9　第一届地震逃生论坛 1（2013，左 2 许溶烈，
左 3 王立军，右 3 李小军，右 4 为马东辉）

图 14-10　第一届地震逃生论坛 2
（2013，左 2 许溶烈，右 2 沈元勤，右 1 作者）

图 14-11　《中国减灾》录播现场（2013）

感谢一路走来，默默支持我们的许多专家和志愿者，其中不乏业内著名的专家学者：许溶烈、李小军、钱稼茹、王立军、秦四清、马东辉、娄宇、尚志海、王玉银、冯鹏、陆新征、潘鹏等。

14.9 创新

在汶川地震之前，"小震不坏、中震可修，大震不倒"是我国抗震的主流应对思路，我国《建筑抗震设计规范》（JGJ 11—89～GB 50011—2010）均是采用"三水准，两阶段"的抗震设防理念，在规范中小震（多遇地震）：50 年超越概率 63%；中震（设防地震）：50 年超越概率 10%；大震（罕遇地震）：50 年超越概率 2%～3%，从而有效地减少了地震对我国造成的损失。但是地震具有高度复杂性，在唐山地震、汶川地震、阪神地震中不止一次遇到了超过设防大震的地震，造成了远远超过预期的震害。参见表 14-6。

中国典型地震烈度表　　　　　　　　　　　　　表 14-6

编号	地震	时间	震级	设防地震烈度	设防大震烈度	实际地震烈度（高烈度地震区）
1	邢台地震	1966	6.8，7.2	7 度	8 度	10 度
2	海城地震	1975	7.3	6 度	7 度	9～11 度
3	唐山地震	1976	7.9	6 度	7 度	11 度
4	汶川地震	2008	8.0	7 级	8 级	9～11 度

注：1966 年 3 月 8 日邢台地区隆尧县发生震级 6.8 级地震，1966 年 3 月 22 日邢台地区宁晋县发生震级 7.2 级地震

对于砌体房屋等结构形式而言，如果震中烈度远超过设防烈度，还能不倒塌吗？从下表中可以看出，即使采用圈梁构造柱技术，10 度区的砌体房屋仍然大部分倒塌，局部坍塌或者严重损毁；9 度断层区域的房屋，位于断层之上的房屋全部倒塌。对于这些结构追求所谓的"（整体结构）不倒"是难以实现的。

汶川地震中砌体结构震害表[7,8,9]　　　　　　　表 14-7

编号	典型震害地区	地震设防烈度	实际地震烈度	延性砌体结构震害
1	绵竹市	7 度	9 度	大量的砌体房屋严重破坏，少量倒塌或者局部倒塌
2	红白镇、汉旺镇	7 度	10 度	经过抗震设计的砌体房屋大部分倒塌、局部坍塌或者严重损毁
3	北川县城、映秀镇	7 度	11 度	经过抗震设计的砌体房屋绝大部分倒塌、局部坍塌或者严重损毁，薄弱层倒塌破坏十分严重。
4	彭州市白鹿镇中心小学	7 度	9 度，断层区域	位于断层上的房屋全部倒塌，位于断层两侧的教学楼没有倒塌，甚至只有轻微破坏

允许倒塌？这将面临一系列的问题：刚度均匀等基本抗震概念需要重新思考，有限元分析、振型分解法等手段将在倒塌阶段遇到不收敛等难题，构造措施可能也需要调整。一些大师告诉我这有可能动摇现代抗震设计的一些基本理念和假定。

经过认真考虑和研究，我们觉得还是要首先尊重自然规律，到了巨震阶段，砌体等结构的倒塌不是以规范或者研究者的意志为转移的。从某种意义而言，只要输入的地震能量足够多，没有不倒塌的房屋。当然在推进的过程中，我们要尽可能继承已有的研究成果和成功经验，尤其是现有规范的成熟经验。在现有规范设防小震、中震、大震的基础上，我们引入了设防巨震的概念，结合地震逃生的研究成果，提出了"小震，（整体结构）不坏；中震，（整体结构）可修，大震，（整体结构）不倒；巨震，（避难单元）不倒"的抗震理

念，这样既继承了规范的"小震不坏，中震可修，大震不倒"的成熟经验，又在此基础上做了进一步发展，提出了巨震阶段的应对策略。我们通过深入研究提出了避难单元设置、避难单元子结构、验算准则等一系列内容，初步构建了"四水准，多阶段"的框架，使得该体系不但可以用到多层房屋，而且可以推广应用到高层和超高层房屋，并在中国尊项目中进行了工程实践的尝试。

图 14-12　无避难单元倒塌示意图　　图 14-13　"巨震，（避难单元）不倒"概念图（2010）

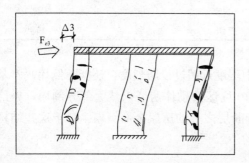 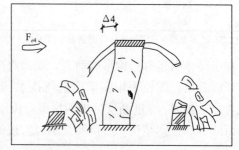

图 14-14　避难单元子结构不倒塌的受力概念图（2010）

在这个过程中，我们得到了许溶烈、陈肇元、容柏生、周锡元、刘西拉、周炳章、曹万林、李小军、娄宇、黄世敏、王立军、尚志海、钱稼茹、赵世春、Goman Ho、陆新征、潘鹏、沈元勤、王学东等诸多专家学者（人员未全部列举）的支持和帮助，特此致谢。

14.10　礼包

有了"巨震（避难单元）不倒"的新理念，也得到了王立军院长、尚志海总工等专家的支持，我把"砌体结构抗高烈度地震的探讨"一文整理好之后寄到了《建筑结构》杂志社，没有多长时间，编辑部反馈，审稿专家有异议。详情不再赘述，感谢《建筑结构》编辑同志们的支持，经过与专家沟通，论文最终在 2009 年 4 月得到发表。《建筑结构》杂志社还送了一个礼包，协调出一个报告名额，安排我在大会上与大家做个交流。

14.11　同行

2009 年 4 月份，第二届建筑结构技术交流会在上海同济大学举行，我在会上做了"房

屋结构抗巨震烈度地震的探讨及其在
砌体结构中的应用"报告，汇报了自
己关于地震研究的新想法，后来又在
"《建筑结构学报》创刊30周年纪念暨
建筑结构基础理论与创新实践学术研
讨会（2010，上海）"、"第一届建筑结
构抗倒塌学术交流会（2010，北京）"
等学术会议上与大家进行了交流，结
合地震逃生的研究进展，"四水准，多
阶段"的抗震概念和措施逐步成熟。
我们课题组先后有石路也、张义元等
同志加入，做了许多具体工作。

图 14-15　第二届全国建筑结构技术交流会（2009）

图 14-16　第一届防倒塌
学术会议（2010）

图 14-17　第三届全国建筑结构
技术交流会（2011）

图 14-18　第二十二届全国高层建筑结构学术交流会（2012）

随着研究的推进和大家的交流增多，我慢慢了解到在房屋抗巨震的路上还有许多同行者。清华叶列平老师课题组和西南交大赵世春老师课题组也展开了对巨震的研究，并于2009年11月正式提出巨震定义和"巨震不塌"[1,2]的概念。2010年之后，更多的专家学者投入了巨震的研究过程中，王亚勇、高孟潭、吕西林、李英民、夏洪流、陆新征、吕大刚、王立军等专家学者先后对"巨震"进行了探索，同行者越来越多。

其中重庆大学李英民老师和夏洪流老师课题组对"巨震，（避难单元）不倒"进行了深入的探索，得到非常有益的结论[20,21]，有效丰富了我国设防巨震研究成果。在"基于数值模拟的砌体结构倒塌影响因素分析及抗倒塌措施初探"一文中，他们指出：

"① 本文按照现行设计规范基于多种影响因素建立典型砌体结构模型，对其在小、中、大、巨震下的抗震性能进行研究分析对比，分析结果表明：按照现行规范合理设计的砌体结构是基本满足"小震不坏，中震可修，大震不倒"的抗震设防要求的，按照规范合理设计的砌体结构必须保证足够的承载力且必须设置合理的抗震构造措施；算例结构在相应巨震下全部发生倒塌，说明现行规范不能控制结构在巨震作用下的抗震行为。

② 本文所涉及的形状规则、强度和刚度分布均匀的砌体结构算例在巨震作用下发生连续倒塌的破坏模式，其倒塌过程的仿真模拟结果表现为：破坏首先从门窗洞口等应力集中处开始，随着地震作用的增大，底层破坏加剧直至丧失承载力，底层破坏以后，上部结构随之发生坠落和破坏。

③ 通过对比分析各个影响因素变化的算例模型在巨震下倒塌行为的异同，得出结论：砂浆强度、开洞率、窗间墙与窗下墙刚度比、高宽比、横墙开洞等因素的变化可以影响砌体结构各部位倒塌的时间，构造柱的设置可以增大砌体结构的整体变形能力并延缓结构倒塌的时间，但是两者均不能很好地改善砌体结构易发生连续倒塌的破坏模式。

④ 本文基于以上分析并综合关于砌体结构鲁棒性的研究，提出设置钢筋混凝土避难单元对砌体结构在巨震下的倒塌行为进行改善，并设计对比算例验证了其有效性。"

在"巨震作用下钢筋混凝土框架结构的倒塌行为仿真分析"一文中，他们指出：

"① 在钢筋混凝土框架结构中设置避难单元的抗震理念是行之有效的，通过合理布置及抗震设计的避难单元可以抵御巨震的作用，从而可以保证人员在地震作用下的生命安全。

② 四周布置剪力墙的避难单元，应严格按抗震规范进行设计，必要时需进行大震验算，否则在巨震作用下可能造成其强度与刚度"失衡"，即剪力墙避难单元刚度大，承受的水平地震力相对较大，而其抗剪强度相对不足，无法保证其自身不发生倒塌，且其导致结构塑性变形相对集中，使结构整体耗能差，可能加速了结构的破坏，最终没有起到避难单元的作用。

③ 四周布置钢管或型钢等材料的混凝土柱的避难单元，其具有较高的承载力和良好的延性，在巨震作用下，即使结构非避难单元的关键构件发生了严重的塑性变形甚至部分丧失了承载能力，避难单元仍能继续变形和承载，不发生倒塌，从而可以成为巨震下人员的避难空间。

④ 避难单元的设置为框架结构在巨震作用下的抗震设计提供了新的思路，并能为抗震规范的修订提供指导；ANSYS/LS-DYNA非线性动力分析软件可以很好地仿真模拟避难单元框架结构在巨震作用下的反应过程，其分析结果与实际震害较一致，是框架结构巨

震分析的强有力工具。"

我国对设防巨震的研究已经从涓涓细流，逐渐扩展为浩浩荡荡的洪流。

14.12 中国尊

中国尊项目首次在超高层建筑物中实践了"巨震，（避难单元）不倒"、综合逃生法等抗震理念。经过振动台实验证明，中国尊可以抗峰值加速度 510gal 的 8 度巨震，可有力地为业主的安全保驾护航。详情可参阅相关文献。

14.13 后记

汶川地震对我国是一场灾难，我国地震、结构、防灾等诸多领域的专家学者面对灾害挺身而出，脚踏实地地做了许多工作。为了应对地震灾害，基于我国的实际情况我国专家学者提出了设防巨震及其应对措施，初步取得了一些成果，这对世界抗震减灾尤其是对非发达国家的抗震减灾有着重要借鉴意义。我写此小记仅仅记录了我和我的团队经历的部分事情，这些只是整个洪流中的一朵浪花。也盼望能够看到更多的专家学者记录他们的奋斗历程，为防震减灾添砖加瓦。

武 林

15 结构界的黄裳——陈肇元院士

机缘巧合，我与陈肇元院士有些交往，想写一篇关于陈老师的事情。

陈老师以学术研究为主，所研究领域涉及岩土、基坑、防爆、高强混凝土、耐久性等。我最初先学习了陈老师关于基坑和土钉墙等著作，后来才进一步了解了陈老师的博大精深。陈老师一生有许多成果，我个人认为，陈老师在2013年出的论文集《混凝土结构安全耐久性及裂缝控制》非常有高度，对国内结构的安全性、耐久性、可靠度等有精彩的论述，宛如结构界的《九阴真经》。我学习此书之后，受益匪浅，建议结构界的年轻人认真学习此书。陈老师书中的观点尤其值得土木界学习、思考。中国经济发展到今天，房屋是人民最大的一部分资产，是否应该适当提高房屋的安全度，而不应一味地减少钢筋、水泥的用量，把低安全度、低造价作为先进。我个人认为真正先进的结构是"两高一低"：高安全度、高品质、在保证前两者目标的前提下尽可能低造价。

在汶川地震之后，我看到砌体房屋倒塌破坏导致人员和财产损失严重，为了解决上述问题我提出了"巨震、（避难单元）不倒"的概念并做了些具体工作，虽然有相当一部分专家支持，遇到的问题也很多。2011年我给陈老师写了封信，谈了自己上述的想法，得到了陈老师的鼓励，"从结构类型看，砌体结构对抗震不利，避难单元可以用在新建工程"。2013年春节，关于防倒塌规范砌体部分，我希望能够引入巨震和避难单元的概念，提出了一些具体建议，陈老师也关注了此事，期间我多次请教陈老师。有一天上午，陈老师在家里专门听了我的汇报。我到了家里，陈老师和夫人两位老人在家，陈老师几年前做过大手术，然而身体康复得较好，精神也很好。坐在陈老师面前，我心里还是有压力的，简单闲聊两句，便进入了正题，我给陈老师汇报了"巨震、（避难单元）不倒"的概念、研究数据和震害中存在的局部单元不倒塌的实际案例，陈老师给予了肯定并鼓励我们做更多的工作。在交流的过程中，陈老师谈到了目前安全度较低的现状，希望能够改进，忧国忧民之情怀溢于言表。临行，陈老师赠给了我2013年出的《混凝土结构安全耐久性及裂缝控制》。

前一段，我和朋友聊天，谈到陈老师现在还参与编制高强混凝土的规范。朋友深有感触地说："陈院士那一代人不一样！"脸上洋溢着高山仰止的情感。

"您很有创新思想，不妨同时在提高混凝土结构、钢结构或者钢－混凝土混合结构的抗震性能上，做出贡献。"我每次读到陈老师的这句话总是压力山大，不知后生小子怎么做才能实现大师的心愿？

（原文写于2014-6-24，局部修改）

16 冠盖京华——程懋堃大师

程懋堃大师对多种结构形式了然于胸，学术精湛，设计时博采众长，独出创意，取得了累累硕果，可称之为结构设计界冠盖京华的"北盖"。

老早听说北京有位程懋堃总工，程总第一次给我留下深刻印象是在我研究生毕业后不久，一位同事开完专家会，回来便哀叹，说甲方请来了程总，程总认为筏板……大家交流之后，我便记住了程总的胆识和勇气。后来我了解到程总在安全度等问题上有自己独到的观点，并且相当多的意见被规范采纳，推广到全国工程中去。在北京，他主编的《结构专业技术措施》是结构设计界的法宝，大概结构工程师人手一册，我个人更是购买了两个版本。从某种意义上而言，程总可以称得上北京结构设计界一代人的代表，工程经验非常丰富，又敢于突破常规做法，国内取消沉降缝，代之以设立后浇缝的做法就源于程总和他的团队。程总尤其擅长钢筋混凝土结构，那是程总的降龙十八掌之一。我有时和北京院的朋友吃饭聊天，谈起程总，他们很是敬仰。

第一次与程总亲密接触是在天津117的专家审查会上，该会议在北京召开，会上大师云集，我刚好坐在程总身边。在天津117项目中，巨柱是整个大楼的关键构件，当时世界上最大的柱截面为20多平方米，117的柱承载力为20万吨左右，可以支撑4艘辽宁号航空母舰，关系到整个大楼的安危，重量占据整个结构的30%，面积高达45平方米，是当时世界上最大的巨柱，如何设计该巨柱是117项目的牛鼻子。当时世界上20平方米以上的巨柱均为钢骨柱，方案阶段的巨柱也是钢骨柱，我经过反复考虑，提出了多边多腔钢管钢筋混凝土巨柱，并首次应用到天津117的巨柱。程总一眼看到了巨柱设计的关键点，巨柱的柱脚怎么有效处理？他很担心柱脚的安全性，提出了很具体的问题。我给他和专家组解释了巨柱柱脚的设计原则，并给出了上下冲切的计算思路和技术措施，程总给予了支持和认同。在开会时，我一边思考专家所提的问题，一边喝咖啡，无意之间喝咖啡变成了吃咖啡，一度不停地用勺子挖杯中的咖啡，程总利用空余时间给我讲了喝咖啡的礼仪。在专家会上，多边多腔钢管钢筋混凝土巨柱获得了容柏生、程懋堃、陈富生等专家的大力支持，最终获得了通过。这个技术后来被推广应用到中国尊等项目。

在2012年，举行了第二十二届全国高层建筑结构学术交流会。会议中心位于美丽的厦门，我又见到了程总，程总在大会上作报告，谈了对新版规范的一些看法。程总身着西装，手持讲稿，侃侃而谈。他时而引用了美国等规范的观点，时而引用工程实例，时而叙述自己的分析数据。也许你未必完全同意程总的观点，但是也会被他折服。会后，程总和容院士两位老爷子谈笑风生，还为谁的出生年月更早而PK。在参观鼓浪屿的路上，我向程总请教了把中国尊核心筒做成避难通道的可行性。程总非常赞同这个措施，并认为是可行的，对我和齐五辉总工（北京院现总工程师）说：一定要保证核心筒避难通道的顺畅，不能有砌块等非结构物坠落，还给我们讲述了之前具体的震害。在大家的共同努力下，中国尊项目对核心筒采取了多项加强措施，最终的振动台实验结果表明，核心筒可以抵抗巨震荷载（8.5度大震参数），效果非常良好，将为整个大楼的安全有效地保驾护航。我想这里面也有程总的一份功劳，谁说程总只是大胆呢？

17   清明忆周炳章先生

"清明时节雨纷纷,路上行人欲断魂。"今天的京城没有下雨,却是阴天。

忙碌完第二届巨震应对论坛的事情之后,无意间看到一则新闻:4月3日晚,"世界因你而美丽——影响世界华人盛典2014-2015"在清华大学新清华学堂绚丽揭幕,登上本年度"影响世界华人"榜单的分别是获颁"影响世界华人终身成就奖"的"中国氢弹之父"于敏和国学大师饶宗颐。

作为一代宗师于敏先生和饶宗颐先生获得大奖,我很是支持,无任何异议。但是我想到了已经仙逝的周炳章先生,同是一位世界级大师,周先生走得有些平静,与他的贡献比较,甚至有些寂寞,只是我们一些同行和家人送走了他。

"周炳章同志,1934年1月19日生于浙江杭州,于2015年2月10日在北京逝世,享年81岁。周炳章同志1952年进入清华大学土木系学习,1957年到北京市建筑设计院四室工作,从事保密工程设计,1964年调入研究室工作。1966年邢台地震后,周炳章同志开始了毕生的抗震研究工作,多次冒险赴邢台、唐山等震区进行震害调查,取得了丰富而宝贵的研究成果。周炳章同志作为我国最早从事工程抗震研究的科技工作者,在此领域享有崇高的声望。在学术上,对我国的抗震工程特别是砖混结构抗震做出了巨大贡献。他主持的圈梁与构造柱抗震研究直到现在仍是我国砖混抗震的主要技术措施。他先后参加了历次国家标准《建筑抗震设计规范》和《砌体结构设计规范》的编写工作。"——周炳章悼词

周先生在砌体结构上做出了巨大的贡献,以他和其他同志共同研制的圈梁构造柱技术是砌体结构的二代技术,可以称得上自秦砖汉瓦之后,砌体的一次革命性贡献。传统的砌体房屋,是通过砂浆甚至泥浆粘结在一起的,承载力低、延性差,在地震中破坏、倒塌严重。从古埃及金字塔开始,砌体房屋一直采用这种传统技术。1976年7月28日的唐山地震,造成24.2万人死亡(另有死亡65万人的说法),重伤16.4万人[4]。1976年的唐山房屋以传统砌体结构为主,在地震中造成了严重的灾害和巨大的损失。在唐山地震的救援和重建中,我国周炳章先生和其他学者和专家提出了圈梁构造柱技术,并进行了长期的研发,最终使得这项技术得到了推广应用。这项技术通过圈梁构造柱大大加强了砌体结构整体的延性,有效改变了砌体一震即坏的缺陷。汶川地震中,按照国家规范设置圈梁构造柱技术的砌体房屋,做到了大震不倒,甚至在核心区域的巨震作用下仍然有许多数量的二代砌体房屋不倒塌,其抗震性能远优于传统的砌体房屋,汶川地震死亡失踪人数总计约8.7万人,如果汶川地区仍然采用传统砌体结构技术,参照唐山地震灾害简单的推算(此处仅仅用于估算),死亡人数也可能达到24万以上,该技术可能挽救了汶川地震中上15万条性命。目前加圈梁构造柱技术的砌体二代技术已经推广到了全国各地,这也是我国近代土木领域为数不多的重大原创,已经被推广到世界上多个国家。善莫大于此!

从全球角度来看,周炳章先生的学术成就不亚于于敏先生和饶宗颐先生对世界的贡

献；从"救人一命、胜造七级浮屠"的角度而言，甚至有过之而无不及。而汶川地震之后的表彰大会上，很难听到周先生的名字，影响世界华人之类的大奖更是与周先生无缘。

　　清明时节，让我们——普通的中国人，向周先生献上心中的花圈和敬意，把周先生的故事流传下去，祝愿他在天国中幸福！

　　后记：没想到这篇小文有那么多同志关注，有些建议较好，如题目的问题，已经修改，有些易引起分歧的评论则予以删除。此文仅是我个人看法，经过阅读大家的评论后，我仍保留自己的观点。不足之处，烦请见谅。2015-4-6修改。

18 "海纳百川，有容乃大"——记李广信老师

第一次去李老师家中是在 2000 年下半年，那时老师还住在清华西南家属区。约定之后，我晚上到了老师家，李老师家里有一套精美的茶具，深褐色，老师沏茶，茶香四溢。在满室茶香中，老师给我这后学之辈讲道，谈话中老师始终带着谦和的笑容。

上高等土力学，李老师是主讲老师，也是该课程的组织者，李老师成名于土的"本构关系"研究，却不沉迷于理论分析，进课总是结合实际，深入浅出。对于饱和土中，气体体积为零，怎么会有气压力？我曾经不得其解，老师一句话："气溶解于水中，一壶水沸腾后就会有气体溢出。"使我茅塞顿开。

我们是小班，有王昆泰、张其光、童朝霞等人，在清华水利系系馆东侧河上有一个小混凝土坝，坝上有一个土工实验室，尤其是晚上，颇为清净，我们经常在那里上课，老师和同学都比较熟悉。时有其他学校的学生来旁听，李老师从没有厌烦或者拒绝过。那时，我一位中科院的博士朋友，经常赶来旁听。

学期中间，原定沈珠江院士给我们做报告，后来沈老师身体不适，改由李老师主讲，报告主题是土压力。李老师报告讲得非常精彩，对理论不吻合实际的原因分析得入木三分。我们在下面听得是眉飞色舞。李老师也没想到，就是他这一次讲座，影响了我多年，一眨眼从事该方向就八年了。我选择了非饱和土土压力作为研究生课题，我去重庆参加第十届土力学大会（2007），做的报告就是关于土压力。

期末考试时，李老师监考，我答得比较顺利，第一个交了试卷，李老师当场浏览了一遍，鼓励说还可以，后来正式成绩约是 93 分，在班里算是比较高的。老师的表扬极大地激励了我。

在重庆学术会议闲暇，我去看望李老师，老师又给我上了精彩一课，结合工程实例，把基坑支护工程事故分析得淋漓尽致。

前几年我申请国家自然科学基金，老师亲笔写了推荐信；我和几个朋友曾经一块办过"中国优化设计网"，老师给我们题了字；老师又特地写了篇《岩土工程与优化》并附言说："小姚：上次写了几句话，似乎没有说明白，所以写了一篇简单的文章，希望能够发表。同时也欢迎不同意见。李广信"……

写完文章之后，我突然想起了林则徐的名联"海纳百川，有容乃大"。李老师在我脑海中最深就是他的谦和与有容，特以此为题。

（原文写于 2008 年 2 月 2 日，局部修改）

杂　谈

19 且行且珍惜

前一段时间到某已经封顶的工程，发现一些可能的风险点，参见下图。该图中填充墙为非约束填充墙，在地震中受到主体结构挤压，有可能破坏甚至倒塌，对相关人员可能造成伤害并导致竖向交通通道堵塞，造成风险。当然准确判断需要进行详细计算分析，但是可能的风险是存在的。随着质量终身负责制和 5 方责任制的推进，结构专业真是越来越成为高危行业，结构人任重道远，且行且珍惜！希望该项目能够有效解决该问题。

图 19-1　某有隐患的工程 1（摄影：姚攀峰）

图 19-2　某有隐患的工程 2

20 防震减灾最大的敌人

昨天是 5.12，也是汶川地震 5 周年，应中央人民广播电台的邀请，做了一个小时的防震减灾的直播节目。

主持人一开始就拿出地震十大逃生准则，拟以此为蓝本就行探讨，里面有许多有问题的地方，与主持人沟通之后，按照我们的思路进行了讲述。

一个很大的感受，尽管我们尽自己能力进行呼吁，关于地震逃生谬误仍然占据主流，传播和掌握的可能是错误的地震逃生知识。如何把科学地震逃生的知识教给大家确实是一个漫长而且复杂的过程。防震减灾最大的敌人是什么？我个人认为是错误的认识和错误的资源投入。

21 也谈"卓越工程师"的标准和培养

和清华大学的几位朋友吃饭，大家都是土木行业的，聊聊工程，聊聊学生，谈到了"卓越工程师培养计划"，希望能够和设计院等工程单位合作，通过两年左右的研究训练和一年左右的工程实习把研究生培养成卓越工程师后备人选。感觉这个目标非常好，实现起来却是很有难度。既然培养卓越工程师，需要明确什么样的人是卓越工程师？成长为一个卓越工程师需要具备哪些条件？自己在工程圈一眨眼待了十多年，从绘制楼梯施工图这样最基层的工作开始，到成为天津 117 项目的主设计师，做过各种民用结构设计，也非常幸运有机会接触过许多优秀的工程师，在此谈谈自己的感受，以供参考。（本文仅指土木工程领域，其他领域供参考。）

21.1 什么样的人是卓越工程师？

我查了一下百度百科：

"卓越"：杰出，非常优秀，超出一般。

在卓越工程师培养计划中，计划宗旨是"培养卓越工程师后备人才，要坚持面向工业界、面向世界、面向未来。"就是要有战略眼光和前瞻意识，培养能够满足未来发展需要、能够适应和引领未来工程技术发展方向的工程师。

看来卓越工程师应该是比优秀工程师还要优秀的工程师，是"非常优秀"的工程师，标准应该说是比较高的。

我心目中土木工程领域的卓越工程师有以下几个特点：

1. 能够在现有条件制约下，熟练地解决实际工程问题。

2. 做过 1 项以上的标杆性工程，并在其中起到重要作用或者技术主导作用（不包含纯粹的技术组织管理工作，那是项目管理）。

3. 有 1 项以上的创新成果，并在 1 个以上的领域内曾经引领工程技术发展。

卓越的工程师灿若星辰，他们在自己的时代甚至是历史的长河中闪烁着光芒：

古代的李冰父子（都江堰）、李春（赵州桥）……

近代和当代的张光斗先生、林同炎先生、奈尔维（nervi）先生、容柏生先生、程懋坤先生……

这些人大概都可以进入"卓越工程师"的行列。

21.2 成长为一个卓越的工程师需要哪些条件？

一位卓越工程师的成长之路是漫长的，是多方面综合的成果。通过考试，拿到"注册工程师"等证书只是其中的一步,距离卓越工程师,甚至距离优秀工程师还有很远的路要走。李春只是一个工匠,没有任何证书,仍然是我们难以企及的卓越工程师。有些优秀的学者尽管著作等身,理论水平很高,假如不能有效地解决实际工程问题,大概也不能称之为优秀工程师。我个人认为,假如具备以下条件,发展为卓越工程师的可能性较大:

1. 对工程的激情和热爱

这也许是第一位的,美国的赖特、日本的安藤忠雄,尽管没有科班的学位,仍然坚持不懈地从事工程设计,最终成为建筑大师。

2. 扎实的专业知识

3. 多项工程实践

4. 标杆性工程的机遇和个人努力

例如:鸟巢、水立方、cctv 大楼、国贸三期……

5. 较强的创新意识和能力

6. 较好的沟通协调能力

通向卓越工程师的路途是艰难的,高校教育是其中非常重要的一环,尤其在专业知识方面能够给学生打下坚实的基础,然而这些还不够,需要个人毕生的学习和投入,还需要合适的机遇。真心希望我们涌现出越来越多的卓越工程师。

22 关于国际知名建筑结构设计公司的一点感想

最近朋友转发给我一份"国际知名建筑结构设计公司",自己从业结构设计已经 15 年以上,又全程管控了中国尊结构设计,有一点感想:设计不同于施工,因为结构设计涉及安全、工期等因素,也不同于普通的设计。对一个项目而言,如何得到优秀的结构设计成果是所有开发单位面临的难题。其实最核心的因素有两个:Key Engineer(KE,关键工程师)和 Key Technology(KT,关键技术),与公司名头有一定联系,但不太大。为了便于说明问题,以艺术创作为例,翰林院是古代最高的学术机构,但是翰林院有几人能写出《红楼梦》这样的巨著呢?

善　善

23 善善

1. "国爷"的故事

豫东有一个小村庄，20 世纪 80 年代，那里还很穷，却一直保留着淳朴的古风，每逢婚丧嫁娶之类的红白事，全村老少爷们都来帮忙。这对村里是一件大事情，需要一个人总管宴席和仪式，村里叫做管事。通常是一位叫做国的老人当管事，老人解放前读过私塾，经历过日本人进中国，经历过内战，经历过 58 年饿死人的岁月，老人公正且处理事情得当，全村人都信服他，辈分又长，村里人称他国爷。

最近几次红白喜事，国爷老安排一位叫做祷的老人刷锅，祷每次刷得很认真。祷爷刷碗时，头上稀疏的白发一颤一颤，许多人不忍心，私下给国爷说："国爷，祷爷也这把年纪了，就不要让他干了，让年轻人干吧！"

国爷说："唉！你祷爷想庆庆喜，喜欢干这个，年轻人可以干点其他事。"

一年过去了，两年过去了……每次办事，国爷仍然安排祷老人刷盘子刷碗。

村里人私下议论，国爷现在有点糊涂了，这么多年轻人，怎么还让祷爷刷碗呢？

又过了几年，国爷年纪越来越大了，生了一场病，决定把这事交给叫作林的老人。各种事交代完了，国爷说："林，以后你管事，别忘了给祷安排点刷碗的活。"

"国哥，祷也这把年纪了，就让他享享福，那些事让年轻人干吧。"

"林，从前我也是这想法，祷家里穷，年纪也大了，让他也歇歇。有一段我没安排他做事，他底下给我说'国哥，你给我派点活，到时也能吃点荤菜'，除了刷盘子刷碗，其他的活他也干不动，我就安排他做这事。林，这事你心里知道就行了。"

林爷当了管事，还是安排祷老人刷碗。

又过了几年，国爷走了。

在国爷的葬礼上，祷爷恭恭敬敬给老人磕了头，哭得很伤心。

2. 启示

在这件事情上，我们从国爷那里能学到许多东西。

（1）人性本善

村民和国爷他们都有一颗善良之心。

（2）"善"是具体的

对祷爷而言，"能够让他刷锅，吃点荤菜，同时保住在乡邻乡亲面前的面子"就是行善。

（3）"善"是有成本的

"村人对国爷的非议"是国爷行善的成本。

（4）"善"要可行

"行善"要以结果为导向，选择正确的方法去做。祷老人在婚丧嫁娶这些日子去讨点荤菜，也没有人拒绝，但是将极大地损害他的自尊，尤其在熟人面前。通过安排他做些力所能及的活，是一个较好的行善方法。

从出发点来看，村民是善的，国爷也是善的。从成果上而言，国爷的善更有效果，更有可行性。

3. 善善

善者为人处事，心怀善念，采用理性的态度和科学的方法，通过建设性的言语和行为，获得善的结果。可谓之善善。

善善有 4 要素：善念、科学、理性、建设性。

（1）善念。"老吾老以及人老，幼吾幼以及人之幼"。心有善念，才有做好事的激情和动力。

（2）科学。要基于科学的理论解决实际的问题，而不是依靠伪科学或者迷信解决问题。

（3）理性。人是感性的，心中有善的激情，还需要用理性平衡这种冲动，避免好心办坏事，成了恶，甚至造成大恶。这样的事例不胜枚举，如上世纪 50 年代末期的"大跃进"，愿望是美好的，却造成了大饥荒，死亡了上千万人。

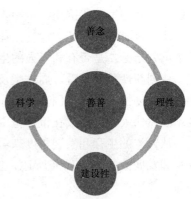

图 23-1 善善示意图

（4）建设性。不追求最理想的实施方案，而是在现有条件的约束下，选择一个高性价的可实施方案，在实践过程中不断地完善，最终使善的目标得到实施。

作一个真正的善者，乐于行善、善于行善、享受行善。

（2009-12-24 完成第一稿，局部修改）

24 氢弹·砌体·生命

看到"清明忆周炳章先生"的一些评论，有些同志对周炳章先生的贡献或多或少不那么认可，我心里有些沉痛，也删除了部分回帖。

评价科研成果好坏的标准是什么？我个人认为好的科研成果在满足创新性的前提下有一个重要指标：是否有利于人的生存和发展。

从创新性角度来看，周先生及其同行者提出的砌体二代技术是国内土木领域为数不多的重大原创性成果，开创世界砌体结构新领域之先河，具有世界级的创新性。我国的氢弹技术固然伟大，但是放在世界范围，已经有多国研制出了该技术。

从人类的生存和发展角度来看，氢弹是人类杀戮和毁灭的技术，砌体二代技术是人类生存和发展的技术，如前所述，仅仅汶川地震，砌体二代技术可能挽救了将近 15 万条性命。

袁隆平先生也曾经不被认可，后来被认为当代中国最伟大的科学家之一。我想周先生也是类似袁隆平先生的人。随着我们越来越尊重生命，越来越重视人的发展，周先生的贡献也会越来越被大家认知和重视。

25 今天给芦山地震灾区人民做了一点实事

今天（2013-4-30）上午 9：30 中央人民广播电台应急中心通过电话对我进行了录音采访，主要讨论地震灾区农民如何自建抗震性能好的砌体住宅。我针对选址、地基、基础、墙体、砌筑方法等进行了论述，原计划采访不超过 10 分钟，但是为了更准确地把技术传递给农民朋友，主持人给予了将近 20 分钟时间。

希望灾区农民朋友能够听到这些内容，建设出抗震性能更好的房屋。

背景资料：

2013 年芦山地震（媒体起先称之为雅安地震，中国地震局定名为四川省芦山"4·20"7.0 级强烈地震），是一场发生于北京时间（UTC＋8）2013 年 4 月 20 日（星期六）上午 8 时 02 分 46 秒的强烈地震，震中位于中国四川省雅安市芦山县龙门乡马边沟，距离省会成都市约 100 公里。中国地震局测定此次地震的面波震级为 Ms7.0，震源深度 13 公里[13,14]。美国地质调查局，欧洲与地中海地震中心和日本气象厅均测定此次地震的矩震级为 Mw6.6，深度 15 公里。

参 考 文 献

[1] 中国尊结构设计团队. 北京朝阳区 CBD 核心区 Z15 地块项目"中国尊"超限高层建筑工程抗震设防审查专项报告最终版 2013 年 1 月. 内部报告.

[2] 姚攀峰. 超高层房屋抗震设防目标及实现（会议报告稿）[C] //厦门：第 22 届超高层房屋结构学术交流会，2012.

[3] 姚攀峰. 房屋结构抗巨震的探讨、应用及实现，[J]. 建筑结构 2011 s1.

[4] 姚攀峰. 砌体-钢筋混凝土筒体结构及其施工方法 [P]：中国，200810303142X，2009.

[5] 姚攀峰. 农村单层砌体房屋中的地震逃生方法 [J]. 国际地震动态，2009. 363（3）：37-44.

[6] 姚攀峰. 砌体结构抗高烈度地震的探讨 [J]. 建筑结构，2009，39（S1）：653-655.

[7] 姚攀峰，石路也，陈之晞，等. 砌体-钢筋混凝土核心筒结构抗震性能的探讨. 建筑结构学报，2010，31（S2）：12-17.

[8] 叶列平，李易，潘鹏. 漩口中学建筑震害调查分析 [J] 建筑结构，2009，39（11）：54-57.

[9] 赵世春，刘艳辉，寇举安，牟朝志. 延性与脆性结构的抗震能力储备初探 [J]. 西南交通大学学报，2009，44（3）：327-335.

[10] 姚攀峰. 砌体结构抗高烈度地震的探讨 [J]. 建筑结构，2009，39（S1）：653-655.

[11] 姚攀峰，石路也，陈之晞，等. 砌体-钢筋混凝土核心筒结构抗震性能的探讨. 建筑结构学报，2010，31（S2）：12-17.

[12] 叶列平，李易，潘鹏. 漩口中学建筑震害调查分析 [J] 建筑结构，2009，39（11）：54-57.

[13] 赵世春，刘艳辉，寇举安，牟朝志. 延性与脆性结构的抗震能力储备初探 [J]. 西南交通大学学报，2009，44（3）：327-335.

[14] 地震安全手册（一）——地震安全逃生手册，地震出版社，中国地震局官方网站 http://www.cea.gov.cn/manage/html/8a8587881632fa5c0116674a018300cf/_content/08_06/17/1213687936842.html.

[15] 南香红等. 映秀小学 44 岁校长震后须发皆白 [EB/OL]. 南方都市报，2008-6-02http://blog.sina.com.cn/s/blog_5167e3a401009mko.html.

[16] 姚攀峰. 科学地震逃生 [M]. 中国建筑工业出版社，2012，北京.

[17] 陈燮. 新华社记者徒步进入北川县城拍摄震后现状 [组图] [EB/OL]. 新华网，2008-5-13. http://news.xinhuanet.com/photo/2008-05/13/content_8162718.htm.

[18] 贾国荣. 汶川大地震泥石流掩埋村庄（图中新社发）[EB/OL]. 2008-05-20 http://www.chinanews.com/tp/shfq/news/2008/05-20/1256003.shtml.

[19] 李佳. 基于数值模拟的砌体结构倒塌影响因素分析及抗倒塌措施初探 [D]. 重庆大学，2013.

[20] 祝小凯. 巨震作用下钢筋混凝土框架结构的倒塌行为仿真分析 [D]. 重庆大学，2013.

[21] 维基百科. 2013 年芦山地震 [EB/OL]. http://zh.wikipedia.org/zh/2013％E5％B9％B4％E8％8A％A6％E5％B1％B1％E5％9C％B0％E9％9C％87.